《数据库原理及应用》实验指导与习题解析

（第 2 版）

编　著　张丹平　周玲元

北京航空航天大学出版社

内容简介

本书是《数据库原理及应用》的配套实训教材。作者按照理论够用,实用、实践为第一的原则,力求帮助读者快速、轻松地掌握 SQL Server 数据库技术与应用。

本书内容分为四篇:上机实验、各章基本知识点与习题解析、课程设计、模拟试卷及参考答案。其中:第一篇以 SQL Server 2012 为实验软件,循序渐进、由浅入深地介绍了 SQL Server 的特点、创建和管理数据库的方法、相关的应用技术;第二篇总结了各章知识框架与学习要求,并给出各章习题与解答;第三篇介绍了数据库课程设计的目的、内容、方法等,并给出了两个系统设计报告正文示例;第四篇收录了九套模拟试卷及参考答案,便于读者进行自我检测以及计算机等级考试的复习。

本书上机实验内容详尽,课程设计合理,习题知识点覆盖面广,可作为高等院校“数据库概论”、“数据库系统原理”、“数据库原理与应用”等课程的配套实训教材,也适合具有一定计算机基础的读者自学,还可作为教师、企事业单位管理人员的参考资料。

图书在版编目(CIP)数据

《数据库原理及应用》实验指导与习题解析 / 张丹平,周玲元编著. -- 2 版. -- 北京 : 北京航空航天大学出版社,2016.9

ISBN 978 - 7 - 5124 - 2247 - 6

Ⅰ. ①数… Ⅱ. ①张… ②周… Ⅲ. ①关系数据库系统—高等学校—教学参考资料 Ⅳ. ①TP311.138

中国版本图书馆 CIP 数据核字(2016)第 216647 号

《数据库原理及应用》实验指导与习题解析(第 2 版)

编 著　张丹平　周玲元

责任编辑　冯　颖

*

北京航空航天大学出版社出版发行

北京市海淀区学院路 37 号(邮编 100191)　http://www.buaapress.com.cn
发行部电话:(010)82317024　传真:(010)82328026
读者信箱: bhpress@263.net　邮购电话:(010)82316936
涿州市新华印刷有限公司印装　各地书店经销

*

开本:710×1 000　1/16　印张:15.5　字数:330 千字
2016 年 10 月第 2 版　2016 年 10 月第 1 次印刷
ISBN 978 - 7 - 5124 - 2247 - 6　定价:34.00 元

第 2 版前言

伴随着数据库技术的发展,数据库课程的教学体系架构现在已经相当成熟,不仅相关理论与实验知识体系博大精深,而且作为一门课程的教学,国内各类高校均有了不同程度的经验积累。在数据库课程的实验内容设计中,软件的选取非常重要,本书的第 1 版针对用户广泛使用的 SQL Server 2000 软件,讲述其应用技巧,内容由点到面,由易到难,适合不同层面的读者学习,但随着实验软件的不断升级,第 2 版的修订工作成为必然。

本书第 2 版延续了第 1 版的编写思路,作者仍然希望通过课堂教学与实际训练相结合,章节实验与章节复习相结合,帮助学生达成学习目标。虽然第 2 版还是分为上机实验、各章基本知识点与习题解析、课程设计、模拟试卷及参考答案四篇,但是作者对部分内容做了较大幅度的调整。

第一篇为上机实验,结合了目前数据库软件市场的应用情况并考察了大多数学校机房的配置现状,采用 SQL Server 2012 作为实验软件,给出了实验步骤的文字描述和相应的操作界面,方便学生尽快掌握 SQL Server 2000 的特点及相关的使用技术;实验内容密切结合实际应用,强调专业知识应用基础上的创新能力训练和培养,使学生能更快速、准确、全面地掌握所学的知识,扩展应用思路,有意识地培养创新应用意识。

第二篇为各章知识点与习题解析,总结了各章知识框架与学习要求,给出了习题与解答;第 2 版各章课后习题的设计更加注重对基本概念的理解,对基础知识的掌握,以及对基本技术的应用,同时增加了与计算机等级考试类似的题型,希望学生通过课后习题的练习,复习和掌握所学内容,使分析问题和解决问题及创新应用所学知识的能力得到快速提高。

第三篇为课程设计,介绍了数据库课程设计的目的、内容、方法等,可用于数据库课程设计、开放性实验等实践性环节设计,这部分要求学生通过分析设计简易的数据库管理系统,对系统开发的各个环节有初步的感性认识,对数据库系统的基本理论和基本设计方法有进一步的理解,同时充分体现了综合性、设计性、创新性的特点。为了帮助学生更好地理解课程设计要求,高质量地完成这一实践性环节的学习任务,本篇给出了"酒店管理系统"和"网上书店"两个设计报告的正文示例作为范本供学生参考。

第四篇为模拟试卷及参考答案,较第 1 版也有了较大的调整,较之第二篇的习题,这一部分的题目更加注重综合性,并且增加了计算机等级考试的相关题型,可供学生练习和自我检测,帮助学生加深对数据库技术理论知识的理解。同时需要注意的是,数据库习题的解答往往答案不唯一,因此在学习过程中切忌死记硬背,不求甚解,而是应该在理解本书解答的基础上给出自己的正确答案。

本书上机实验内容详尽,课程设计合理,习题知识点覆盖面广,可作为高等院校"数据库概论"、"数据库系统原理"、"数据库原理与应用"等课程的配套实训教材,也适合具有一定计算机基础的读者自学,还可作为教师、企事业单位管理人员的参考资料。

本书由张丹平、周玲元编著,南昌航空大学硕士研究生黄克望、陈丽红及本科生莫君兰、黄荣欢参加了内容讨论和书稿校阅工作。同时感谢黄克望同学和东北大学计算机科学与工程学院的余灏然同学对本书实验内容所做的设计与验证工作。

由于作者水平有限,加之时间仓促,书中难免存在疏漏之处,恳请广大读者予以指正,作者在此表示感谢。

作 者

2016 年 7 月

目　　录

第一篇　上机实验

实验一　注册服务器、建立数据库 ………………………………………… 3

实验二　表的创建与修改 …………………………………………………… 7

实验三　数据的添加、更新与删除 ………………………………………… 15

实验四　导入/导出 ………………………………………………………… 19

实验五　数据查询 …………………………………………………………… 31

实验六　视图与索引 ………………………………………………………… 36

实验七　T－SQL 编程 ……………………………………………………… 43

实验八　存储过程 …………………………………………………………… 47

第二篇　各章知识点与习题解析

第 1 章　数据库系统概述 …………………………………………………… 53

　1.1　知识框架与学习要求 ………………………………………………… 53

　1.2　习题与解答 …………………………………………………………… 54

第 2 章　关系数据库 ………………………………………………………… 63

　2.1　知识框架与学习要求 ………………………………………………… 63

　2.2　习题与解答 …………………………………………………………… 63

第 3 章　关系数据库标准语言 SQL ……………………………………… 69

　3.1　知识框架与学习要求 ………………………………………………… 69

　3.2　习题与解答 …………………………………………………………… 69

第 4 章　数据库的安全性 …………………………………………………… 76

　4.1　知识框架与学习要求 ………………………………………………… 76

　4.2　习题与解答 …………………………………………………………… 76

第 5 章　数据库的完整性 …………………………………………………… 82

　5.1　知识框架与学习要求 ………………………………………………… 82

　5.2　习题与解答 …………………………………………………………… 82

第 6 章　关系数据库理论 …………………………………………………… 85

　6.1　知识框架与学习要求 ………………………………………………… 85

　6.2　习题与解答 …………………………………………………………… 85

第 7 章 数据库设计 ································ 94
  7.1 知识框架与学习要求 ···················· 94
  7.2 习题与解答 ····························· 94

第 8 章 数据库恢复技术 ······················ 102
  8.1 知识框架与学习要求 ··················· 102
  8.2 习题与解答 ···························· 102

第 9 章 并发控制 ···························· 107
  9.1 知识框架与学习要求 ··················· 107
  9.2 习题与解答 ···························· 107

第 10 章 关系系统及其查询优化 ················ 115
  10.1 知识框架与学习要求 ·················· 115
  10.2 习题与解答 ·························· 115

第三篇 课程设计

第 1 章 课程设计要求 ························ 121
  1.1 课程设计的目标与任务 ·················· 121
  1.2 设计内容 ···························· 121
    1.2.1 实验一:模型设计 ················· 121
    1.2.2 实验二:数据库生成 ··············· 122
  1.3 设计报告要求 ························ 122
  1.4 参考选题 ···························· 122
    1.4.1 图书借阅管理数据库 ·············· 122
    1.4.2 员工薪资管理数据库 ·············· 122
    1.4.3 库存物资管理数据库 ·············· 123
  1.5 任务安排 ···························· 123
  1.6 考 核 ····························· 124
第 2 章 参考设计 1——酒店管理系统设计 ········ 125
  2.1 背景说明 ···························· 125
  2.2 部门的划分 ·························· 125
    2.2.1 餐饮部门 ····················· 125
    2.2.2 住宿管理部门 ·················· 125
    2.2.3 娱乐管理部门 ·················· 126
    2.2.4 经理部门 ····················· 126
  2.3 各子系统的功能 ······················ 126
    2.3.1 总经理子系统 ·················· 126

2.3.2　财务子系统 …………………………………………… 127

2.3.3　住宿子系统 …………………………………………… 128

2.3.4　娱乐子系统 …………………………………………… 129

2.4　数据字典 ……………………………………………………… 129

2.4.1　数据项 ………………………………………………… 129

2.4.2　数据结构 ……………………………………………… 131

2.4.3　数据流 ………………………………………………… 131

2.4.4　数据存储 ……………………………………………… 132

2.4.5　处理过程 ……………………………………………… 133

2.5　概念结构设计过程 …………………………………………… 133

2.5.1　总经理子系统 ………………………………………… 134

2.5.2　财务管理子系统 ……………………………………… 135

2.5.3　娱乐管理子系统 ……………………………………… 136

2.5.4　住宿管理子系统 ……………………………………… 137

2.5.5　合成总 E-R 图 ……………………………………… 138

2.6　逻辑结构设计 ………………………………………………… 140

2.6.1　与总 E-R 图对应的关系模式 ……………………… 140

2.6.2　优化后的数据模型 …………………………………… 141

2.6.3　用户子模式(视图)设计 ……………………………… 142

2.7　物理结构设计 ………………………………………………… 142

2.7.1　存储结构设计 ………………………………………… 142

2.7.2　存取路径设计 ………………………………………… 144

2.7.3　设计评价及说明 ……………………………………… 144

第 3 章　参考设计 2——网上书店系统设计 ……………………… 145

3.1　需求描述和系统边界 ………………………………………… 145

3.2　需求分析 ……………………………………………………… 145

3.2.1　业务需求分析及处理流程 …………………………… 145

3.2.2　功能需求分析 ………………………………………… 146

3.2.3　业务规则分析 ………………………………………… 148

3.3　设计数据库的概念模型 ……………………………………… 149

3.3.1　确定实体集及属性 …………………………………… 149

3.3.2　确定联系集及 E-R 图 ……………………………… 152

3.3.3　优化并集成总 E-R 图 ……………………………… 154

3.4　数据库的逻辑模型设计 ……………………………………… 156

3.5　小结与反思 …………………………………………………… 160

第四篇 模拟试卷及参考答案

模拟试卷一··· 163
　　参考答案··· 169
模拟试卷二··· 173
　　参考答案··· 179
模拟试卷三··· 183
　　参考答案··· 189
模拟试卷四··· 194
　　参考答案··· 201
模拟试卷五··· 206
　　参考答案··· 212
模拟试卷六··· 216
　　参考答案··· 217
模拟试卷七··· 222
　　参考答案··· 223
模拟试卷八··· 226
　　参考答案··· 227
模拟试卷九··· 232
　　参考答案··· 234
参考文献··· 238

第一篇　上机实验

　　本篇对所有实验都给出了实验步骤的文字描述和相应的操作界面展示。实验内容以实用为主,强调专业知识的应用能力训练和培养,使读者能更快速、准确、全面地掌握所学知识,扩展应用思路,提高综合应用能力。

实验一 注册服务器、建立数据库

【实验目的】

1. 学会使用 SSMS。
2. 学会注册、连接服务器。
3. 学会创建、登录数据库。
4. 学会为数据库创建和设置用户。

【实验内容】

1. 使用 SSMS 连接 SQL 数据库服务器。
2. 使用 SSMS 建立数据库。
3. 确定教务管理系统中的实体及其属性。
4. 将 E－R 图转换成关系表。
5. 设计班级表、成绩表、课程表、学生表的结构,定义属性类型。

【实验准备】

1. 复习与本次实验内容相关的理论知识。
2. 预习有关登录及建立数据库等的相关内容。

【实验步骤】

1. 启动 SSMS(SQL Server Management Studio)。启动过程为:"开始"→"所有程序"→Microsoft SQL Server 2012→SQL Server Management Studio,如图 1－1－1 所示。

2. 连接 SQL 服务器。启动 SSMS 之后,打开 SQL Server 的"连接到服务器"对话框,如图 1－1－2 所示。对话框中各项介绍如下。

服务器类型:可能有多种不同的服务器类型,但本书主要讲解数据库服务,所以这里选择"数据库引擎"。

服务器名称:服务器名称可以是"."或者 localhost 或者本机器名/实例名。这里的 PC－20121114CBZI 为本实验所用计算机的计算机名,表示连接到一个本地主机。如果要连接到远程数据服务器,则需要输入服务器的 IP 地址。

身份验证:制定连接类型。如果安装时设置了混合验证模式,则可在下拉列表框中使用 SQL Server 身份登录,此时将需要输入用户名和密码。由于在前面安装过程

图 1-1-1　启动 SSMS

图 1-1-2　"连接到服务器"对话框

中指定使用 Windows 身份验证,因此这里选择"Windows 身份验证"。

　　3.建立数据库。在图 1-1-2 所示对话框中单击"连接"按钮后,即弹出"对象资源管理器"列表,如图 1-1-3 所示。

图 1 - 1 - 3　打开"对象资源管理器"列表

　　选择数据库项目,然后右击该项目,在弹出的快捷菜单中选择"新建数据库"命令,如图 1 - 1 - 4 所示。

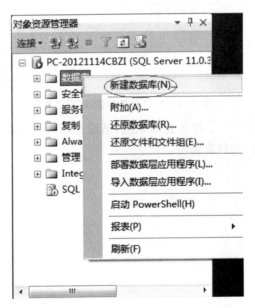

图 1 - 1 - 4　选择"新建数据库"命令

　　在随后弹出的图 1 - 1 - 5 所示对话框的左侧"选择页"下选中"常规",然后在右侧的"数据库名称"文本框中输入新建数据库的名称(请以你的完整学号命名,共 8 位数字),设置完成后单击"确定"按钮,即完成新建数据库。

　　4. 学校里有若干班级,每个班级有若干学生,每个学生选修若干门课程,每门课程可由若干学生选修,请做出相关 E - R 图。

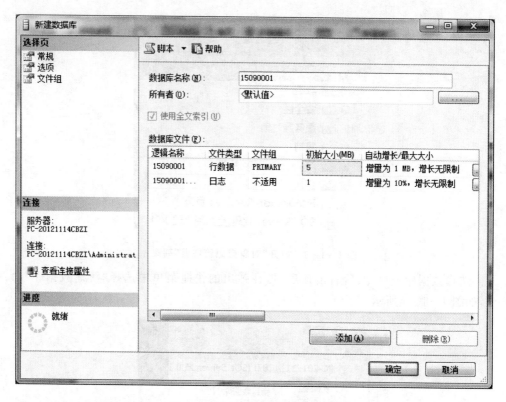

图 1 - 1 - 5 "新建数据库"对话框

5. 按上述关系建立一个教务管理系统,请设计班级表、成绩表、课程表、学生表的结构,并定义各属性的数据类型。

实验二　表的创建与修改

【实验目的】

1. 学会使用 SSMS 创建和修改表结构。
2. 学会使用查询分析器。
3. 学会使用 SQL 语句创建和修改表结构。

【实验内容】

1. 使用 SSMS 建立和修改班级表、成绩表。
2. 使用查询分析器建立和修改课程表、学生表。

【实验准备】

1. 复习与本次实验内容相关的理论知识。
2. 做好预习及实验准备工作。

【实验步骤】

1. 用 SSMS 建立学生表。启动 SSMS,打开"对象资源管理器"列表,找到以自己学号命名的数据库,然后右击"表",在弹出的快捷菜单中选择"新建表"命令,如图 1-2-1 所示。

在表结构窗口内建立如图 1-2-2 所示的班级表,其中 ID 对应"班号",CLASS 对应"班名",DEPARTMENT 对应"所在系"。各属性的数据类型及是否允许为空均按图 1-2-2 中所示进行设置,并且左侧三角形标志为当前列,下方的"列属性"即为当前列的各种属性。

右击第一行,在弹出的快捷菜单中选择"设置主键"(如图 1-2-3 所示),则 ID 属性被设置为主键。

如图 1-2-4 所示,在 ID 列属性的下拉列表中找到标识规范,将其中的"(是标识)"设置为"是",则 ID 属性在新增行时,从标识种子(当前为 1)开始,逐行以标识递增量(当前为 1)自动递增(即此列在新增行时不用输入数据而自动生成)。

注:要插入或删除列,请使用类似方法,在图 1-2-3 所示的右键快捷菜单中选择"插入列"或"删除列"命令。

然后,在图 1-2-5 所示工具栏上单击"保存"按钮,在弹出的"保存"对话框中输入 U_CLASSES,单击"确定"按钮,关闭表结构设计窗口。

图 1-2-1 选择"新建表"命令

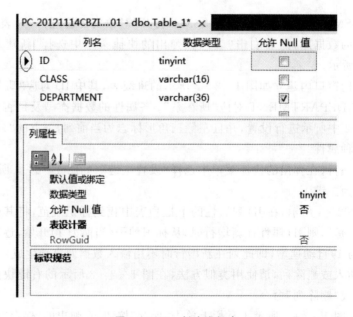

图 1-2-2 创建班级表

图 1 - 2 - 3　设置班级表的主键

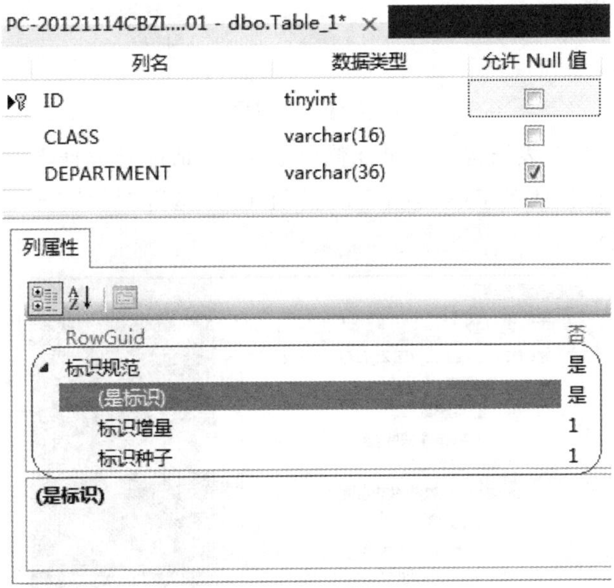

图 1 - 2 - 4　设置标识规范

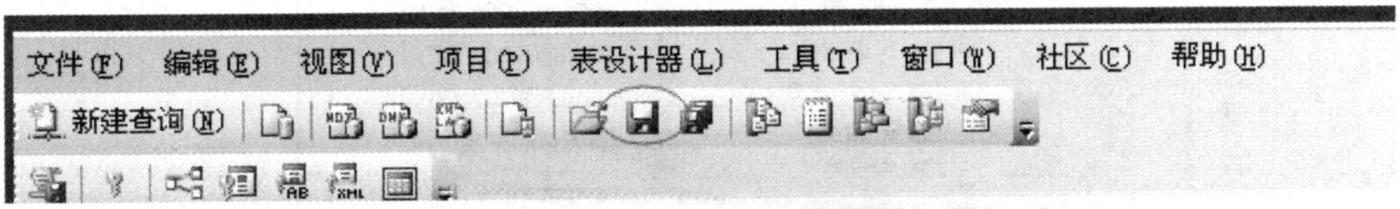

图 1 - 2 - 5　工具栏中的"保存"按钮

　　按照前面创建班级表的操作步骤创建成绩表,如图 1 - 2 - 6 所示。其中 STUDENT_ID 对应"学号",COURSE_ID 对应"课程号",SCORE 对应"成绩",并按图中所示设置各属性的数据类型和是否允许为空,表名保存为 U_SCORES。**注意:**设置主键时,先按住 Shift 键,分别单击选中第一、二行,然后右击,在快捷菜单中选择"设置主键"。该操作也可用于取消主键设置。

图 1 - 2 - 6　创建成绩表

　　2. 用 SSMS 修改表结构。如果要修改表结构,请展开数据库,在"表"中找到要修改的表,右击,在快捷菜单(如图 1 - 2 - 7 所示)中选择"设计"命令,在随后弹出的表设计窗口中进行修改。

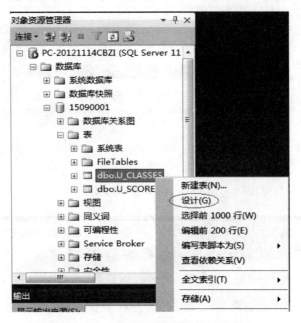

图 1 - 2 - 7　修改表结构的右键快捷菜单

如果在保存过程中无法保存所修改的内容,则会弹出警告框。例如:将 U_CLASSES表中的列名 CLASS 的数据类型由 varchar(16)改为 varchar(36)(如图 1-2-8所示),单击"保存"按钮,即弹出如图 1-2-9 所示的不允许保存更改警告框,若单击"取消"按钮,则表示放弃保存并关闭表设计窗口。

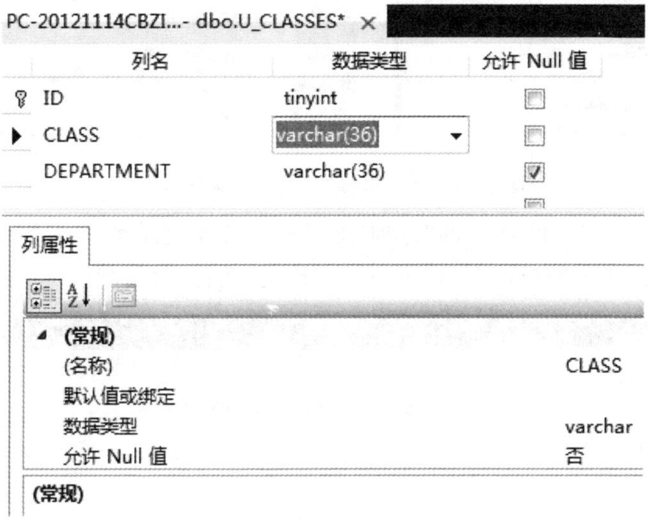

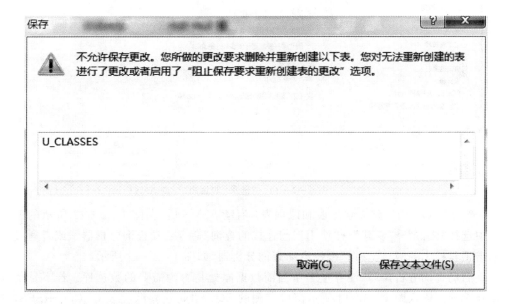

图 1-2-8　修改 CLASS 数据类型

图 1-2-9　不允许保存更改警告框

解决该问题的方案及步骤如下。

首先,在图 1-2-10 所示的窗口中选择"工具"→"选项"命令。

图 1 - 2 - 10　选择"工具"→"选项"命令

　　然后，在图 1 - 2 - 11 所示的"选项"对话框中选择设计器，在右侧取消选中"阻止保存要求重新创建表的更改"复选框，单击"确定"按钮即可。

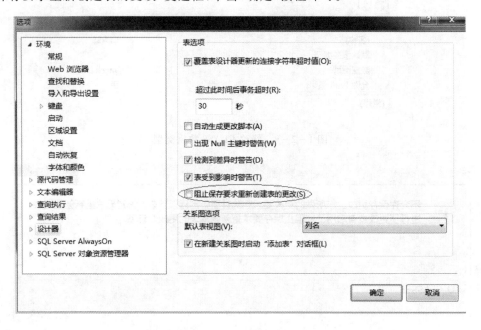

图 1 - 2 - 11　"选项"对话框

　　3. 用 SQL 语句建立学生表和课程表。启动 SSMS 后，在图 1 - 2 - 12 所示的窗口中选择"文件"→"新建"→"使用当前连接的查询"命令启动查询分析器。或者通过单击工具栏中的"新建查询"按钮启动查询分析器，如图 1 - 2 - 13 所示。

　　启动查询分析器后，注意左上角当前数据库处是否为需要的数据库。若不是请重新选择。输入图 1 - 2 - 14 所示窗口右侧的 SQL 语句建立课程表 U_COURSES，其中 ID 表示课程编号，该属性值自动递增，COURSE 表示课程名称，单击图 1 - 2 - 13 中的"调试"按钮，检查语句的正确性。如果检查正确，则单击图 1 - 2 - 13 中的"执行"按钮执行。

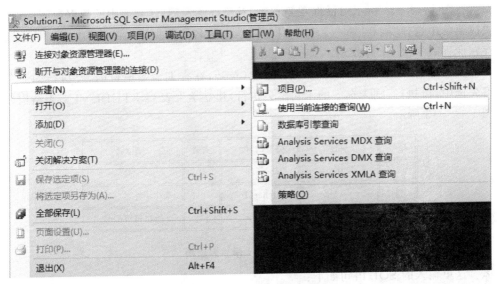

图 1 - 2 - 12 启动查询分析器

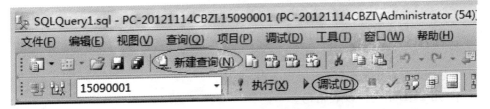

图 1 - 2 - 13 工具栏中的"新建查询"按钮

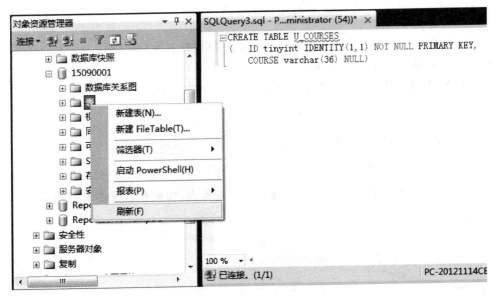

图 1 - 2 - 14 建立课程表 U_COURSES

在图 1-2-14 所示对话框左侧右击"对象资源管理器"列表中的数据库图标,在快捷菜单中选择"刷新"命令。打开以自己学号命名的数据库,在"表"中查看是否已存在课程表 U_COURSES。

类似地,依照上述方法输入 SQL 语句(技巧:在查询命令窗口内,要执行的命令可先选中,再执行,则未选中的语句不会执行)建立学生表 U_STUDENTS,表结构如图 1-2-15 所示。

序号	属性	类型(长度)	主键	含义
1	ID	char(10)	是	学号
2	NAME	varchar(16)		姓名
3	CLASS_ID	tinyint		所在班级编号

图 1-2-15　学生表结构

这里输入的 SQL 语句如下:

```
CREATE TABLE U_STUDENTS(
        ID char(10) NOT NULL PRIMARY KEY,
        NAME varchar(16)   NULL,
        CLASS_ID tinyint   NULL
        )
```

4. 用 SQL 语句修改表结构。

(1)用 SQL 语句给课程表添加一个学时属性(属性名为 period,类型为 tinyint):

```
ALTER TABLE U_COURSES ADD period tinyint
```

(2)用 SQL 语句给课程表添加一个学分属性(属性名为 CREDIT,类型为 tinyint),请参照上面的 SQL 语句自行完成。

(3)用 SQL 语句删除课程表学时属性(属性名为 period):

```
ALTER TABLE U_COURSES DROP COLUMN period
```

(4)用 SQL 语句修改成绩表,使 SCORE 属性类型为 tinyint:

```
ALTER TABLE U_SCORES ALTER COLUMN SCORE tinyint
```

5. 用 SSMS 或者在对象资源管理器中检查各表,如果和上面要求的相同,则实验就完成了。

实验三　数据的添加、更新与删除

【实验目的】

1. 学会使用 SSMS 处理表数据、查看表记录。
2. 学会使用 SQL 语句处理表数据。

【实验内容】

1. 使用 SSMS 给班级表、学生表处理数据。
2. 使用 SQL 语句给课程表、成绩添加数据——INSERT 语句。
3. 使用 SQL 语句给学生表、成绩表更新数据——UPDATE 语句。
4. 使用 SQL 语句给学生表删除记录——DELETE 语句。

【实验准备】

1. 复习与本次实验内容相关的理论知识。
2. 复习查询分析器的使用。
3. 做好预习及实验准备工作。

【实验步骤】

特别说明:本实验中所使用的数据仅为实验而已,并无其他任何作用。

1. 用 SSMS 给班级表添加记录。启动 SSMS 并连接到 SQL Server 服务器,找到"数据库"中以自己学号命名的数据库,然后在"表"中右击班级表 U_CLASSES,并在弹出的快捷菜单中选择"编辑前 200 行"命令,如图 1-3-1 所示。

接下来按图 1-3-2 所示输入数据。注意:ID 列不用输入。(思考:为什么?)

班级表数据输入完成后,若要对数据行进行操作(如:删除行),则可在某行上右击,在弹出的快捷菜单中选择要执行的命令。

操作完成后,关闭该查询窗口。

2. 用 SSMS 修改表记录数据。若要修改数据,则可用上述方法打开查询窗口,直接修改即可。

3. 用 SSMS 给学生表 U_STUDENTS 添加数据。参照上述方法用 SSMS 给学生表添加数据,如图 1-3-3 所示。注意观察:如果输入相同的学号会有什么现象?(什么原因?)如果不输入班级编号,又会怎样?(为什么?)

4. 在查询分析器中,用 SQL 命令给课程表 U_COURSES、成绩表 U_SCORES

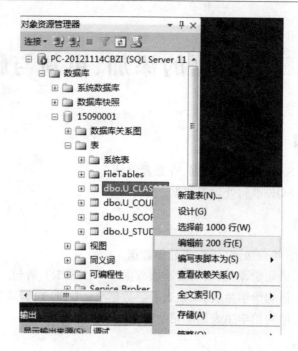

图 1 - 3 - 1 选择"编辑前 200 行"命令

ID	CLASS	DEPARTMENT
1	软件031	计算机系
2	计算机031	计算机系
NULL	*NULL*	*NULL*

图 1 - 3 - 2 输入班级表数据

ID	NAME	CLASS_ID
5103210101	陈彦	2
5103210102	丁海宽	2
5103210103	耿月宽	2
5103210104	谷慧	2
5103210105	贾鹏	2
5103212101	卜长春	1
5103212102	蔡顺平	1
5103212103	陈琳	1
5103212104	陈玉宝	1
5103212105	单以林	1
NULL	*NULL*	*NULL*

图 1 - 3 - 3 给学生表 U_STUDENTS 添加数据

添加数据、修改数据。

（1）启动查询分析器。

（2）输入如下语句（为减少输入工作量，可使用复制、粘贴）并执行，为课程表 U_COURSES 插入 5 条记录：

```
INSERT INTO U_COURSES VALUES ('计算机文化基础',4)
INSERT INTO U_COURSES VALUES ('C 语言程序设计',4)
INSERT INTO U_COURSES VALUES ('数据结构',4)
INSERT INTO U_COURSES VALUES ('数据库原理与应用',4)
INSERT INTO U_COURSES VALUES ('SQL Server',3)
```

（3）输入"SELECT ＊ FROM U_COURSES"语句查看课程表记录。

（4）输入下面的语句，将"计算机文化基础"的学分修改为 5：

```
UPDATE U_COURSES SET CREDIT = 5 WHERE COURSE = '计算机文化基础'
```

（5）参照上面的语句，将 SQL Server 课程名称改为"大型数据库"。

（6）再次执行"SELECT ＊ FROM U_COURSES"语句查看课程表记录，看看与修改要求是否一致。

（7）输入如下语句（为减少输入工作量，可使用复制、粘贴）为成绩表 U_SCORES 添加 10 条记录（给学号为 5103210101 和 5103212102 的学生各添加 5 门功课的成绩）：

```
INSERT INTO  U_SCORES  VALUES ('5103210101',1,80)
INSERT INTO  U_SCORES  VALUES ('5103210101',2,82)
INSERT INTO  U_SCORES  VALUES ('5103210101',3,75)
INSERT INTO  U_SCORES  VALUES ('5103210101',4,78)
INSERT INTO  U_SCORES  VALUES ('5103210101',5,88)
INSERT INTO  U_SCORES  VALUES ('5103212102',1,54)
INSERT INTO  U_SCORES  VALUES ('5103212102',2,71)
INSERT INTO  U_SCORES  VALUES ('5103212102',3,60)
INSERT INTO  U_SCORES  VALUES ('5103212102',4,50)
INSERT INTO  U_SCORES  VALUES ('5103212102',5,60)
```

（8）将上面的语句再执行一次，看看会出现什么现象？（思考：为什么？）

（9）参照上面给出的 SQL 命令，分别给学号为 5103210102、5103210103 和 5103212101 的学生各添加 5 门功课的成绩，其学号、课程号、成绩如下：

学号	课程号	成绩
5103210102	1	65
5103210102	2	60
5103210102	3	58
5103210102	4	43

5103210102	5	70
5103210103	1	45
5103210103	2	58
5103210103	3	66
5103210103	4	60
5103210103	5	57
5103212101	1	72
5103212101	2	90
5103212101	3	76
5103212101	4	74
5103212101	5	58

(10) 输入"SELECT ＊ FROM U_SCORES"语句查看成绩表记录。

(11) 输入下面的语句,将学号为 5103210101、课程号为 2 的课程成绩改为 90。

```
UPDATE [U_SCORES] SET SCORE = 90
WHERE STUDENT_ID = '5103210101' AND COURSE_ID = 2
```

再次执行"SELECT ＊ FROM U_ SCORES"语句,查看成绩表记录(如图 1 - 3 - 4 所示)。注意学号为 5103210101、课程号为 2 的课程成绩。

	STUDENT_ID	COURSE_ID	SCORE
1	5103210101	1	80
2	5103210101	2	90
3	5103210101	3	75
4	5103210101	4	78
5	5103210101	5	88
6	5103210102	1	65
7	5103210102	2	60

图 1 - 3 - 4　更新数据后查看成绩表记录

(12) 参照上面的语句将学号为 5103210103、课程号为 3 的课程成绩改为 56。

5. 在查询分析器中用 SQL 语句删除记录。

(1) 输入"SELECT ＊ FROM U_STUDENTS"语句查看学生表记录。

(2) 输入以下命令删除学生表中学号为 5103210104、5103210105 的记录:

```
DELETE FROM U_STUDENTS WHERE ID = '5103210104' OR ID = '5103210105'
```

(3) 再次执行"SELECT ＊ FROM U_STUDENTS"语句查看记录,注意记录数。

(4) 参照上述语句分别删除学生表中学号为 5103212103、5103212104、5103212105 的记录。

实验四　导入/导出

【实验目的】

掌握数据导入/导出的基本方法。

【实验内容】

1. 用 SSMS 导入 Excel 表中的数据。
2. 用 SSMS 导入 ACCESS 数据。
3. 用 SSMS 导出数据库中的数据。

【实验准备】

1. 复习与本次实验内容相关的理论知识。
2. 复习 SSMS 的使用。
3. 做好预习及实验准备工作。

【实验步骤】

1. 用 SSMS 将"计软 03 名单. xls"导入到数据库中并保存为 JR03 表。

启动 SSMS，连接服务器，右击目标数据库，在弹出的快捷菜单中选择"任务"→"导入数据"命令开始导入数据，如图 1 - 4 - 1 所示。

随后，弹出如图 1 - 4 - 2 所示的"SQL Server 导入和导出向导"对话框，单击"下一步"按钮。如果下次导入不想显示该界面，则选中下方的"不再显示此起始页"项后再单击"下一步"按钮。然后按照下面的步骤导入 Excel 表中的数据：

（1）选择数据源。在"数据源"下拉列表中选中 Microsoft Excel，再选择目标文件及目标文件版本，然后单击"下一步"按钮，如图 1 - 4 - 3 所示。

（2）选择目标。如图 1 - 4 - 4 所示，在"目标"下拉列表中选中 Microsoft OLE DB Provider for SQL Server；"服务器名称"以及"身份验证"同连接服务器所选择的一致，本实验选择"使用 Windows 身份验证"；"数据库"选择个人数据库。设置完成后，单击"下一步"按钮。

（3）指定复制一个或多个表。选择复制数据源中现有的表或视图的全部数据（也可以选择用查询语句指定要传输的数据），单击"下一步"按钮，如图 1 - 4 - 5 所示。

（4）选择源表和源视图。在要导入的表和视图前面选中"源"复选框，"目标"中出现同样的表名,可以手动修改表名。这里将表名改为 JR03,如图 1-4-6 所示。

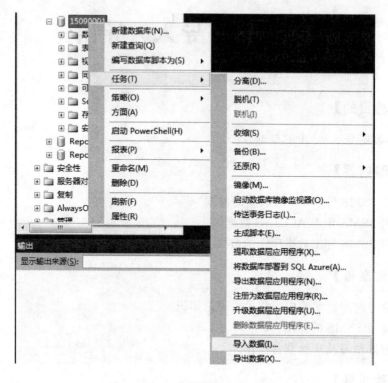

图 1-4-1 选择"导入数据"命令

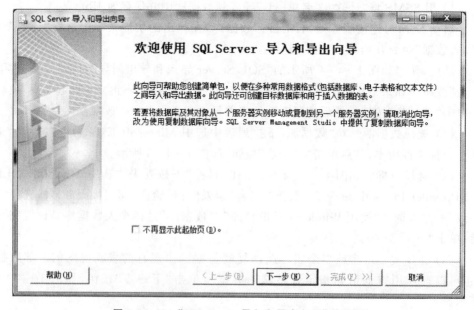

图 1-4-2 "SQL Server 导入和导出向导"对话框

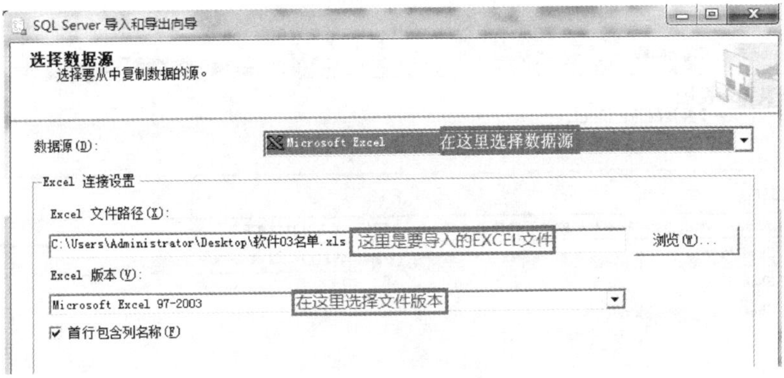

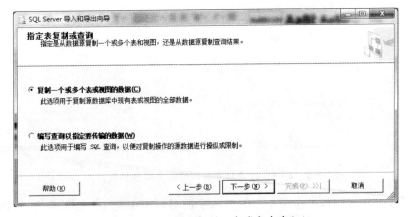

图 1-4-3 选择数据源(1)

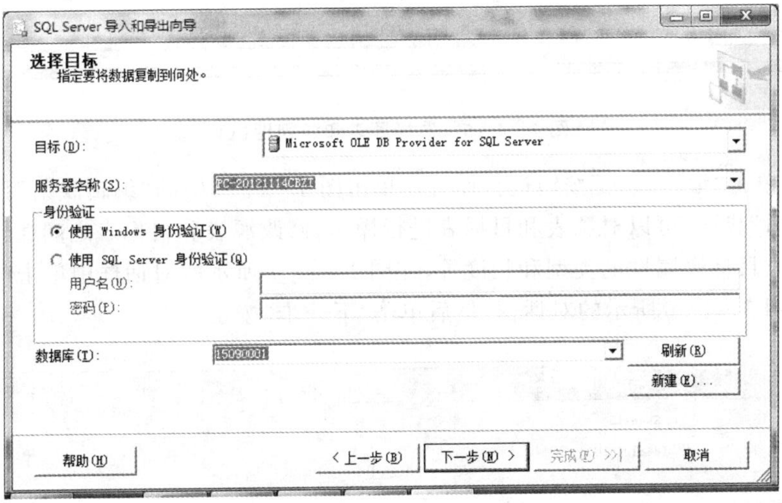

图 1-4-4 选择目标(1)

图 1-4-5 指定复制一个或多个表(1)

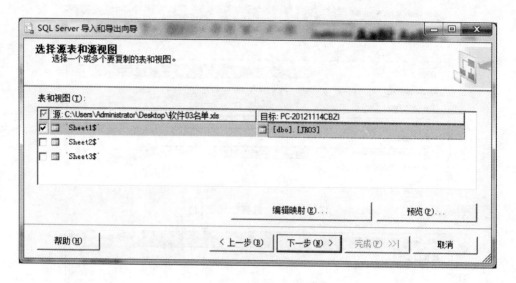

图 1-4-6   选择源表和源视图(1)

(5)单击"编辑映射"按钮进行设置。单击图 1-4-6 中的"编辑映射"按钮后进入"列映射"界面,可以对源表和目标表进行操作,修改源表和目标表之间属性的对应关系,修改目标表属性的类型和长度等,在图 1-4-7 所示的对话框中单击"确定"按钮,返回图 1-4-6 所示的对话框,然后单击"下一步"按钮。

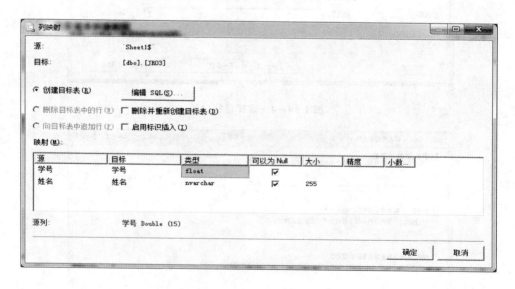

图 1-4-7   修改目标表属性的类型和长度(1)

(6)保存并运行包。在图 1-4-8 所示的对话框中选中"立即运行"复选框,单击"下一步"按钮。

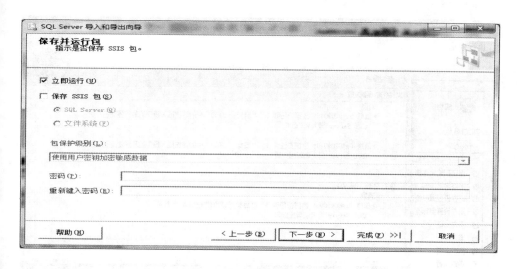

图 1 - 4 - 8 保存并运行包(1)

(7) 完成该向导。在图 1 - 4 - 9 所示的对话框中单击"完成"按钮即可执行操作。

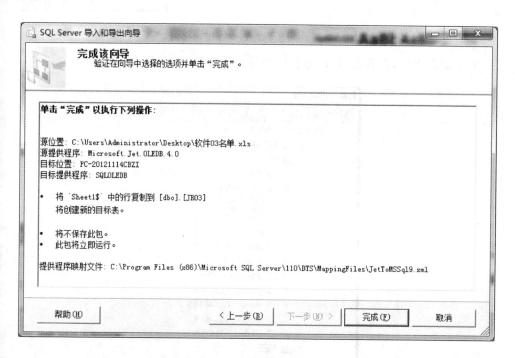

图 1 - 4 - 9 完成向导(1)

(8) 执行成功后在图 1 - 4 - 10 所示的对话框中单击"报告"按钮并选择"查看报告"即可看到所进行的操作。

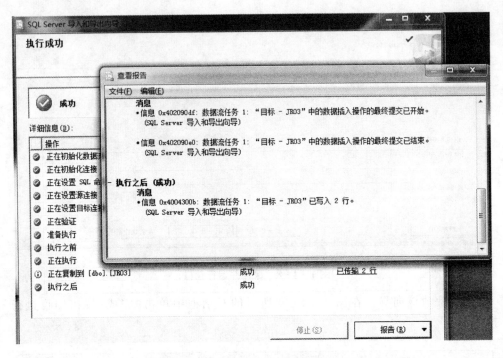

图 1 - 4 - 10 执行成功后查看报告(1)

(9) 刷新表后,查看表 JR03 是否已经导入,如图 1 - 4 - 11 所示。

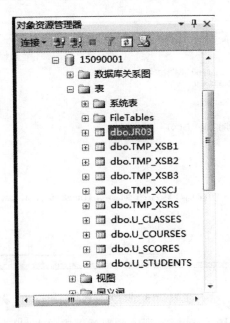

图 1 - 4 - 11 刷新查看表 JR03 是否导入成功

2. 能力提升:用 SSMS 将 ZGGZ. MDB 导入到数据库中并保存为 GZ 表。

请注意:选择数据源类型为 Microsoft Access。

3. 将学生表 U_STUDENTS 导出为 Excel 表 XS. xls。

参照前面的导入步骤,启动 SSMS,连接服务器,右击目标数据库,在弹出的快捷菜单中选择"任务"→"导出数据"命令开始导出数据,如图 1 - 4 - 12 所示。然后,按照下面的步骤进行导出操作。

图 1 - 4 - 12　选择"导出数据"命令

(1)选择数据源。如图 1 - 4 - 13 所示:在"数据源"下拉列表中选中 Microsoft OLE DB Provider for SQL Server;"服务器名称"以及"身份验证"同连接服务器所选择的一致,本实验选择"使用 Windows 身份验证";"数据库"选择个人数据库。设置完成后,单击"下一步"按钮。

(2)选择目标。在"目标"下拉列表中选中 Microsoft Excel,单击"下一步"按钮,如图 1 - 4 - 14 所示。

(3)指定复制一个或多个表。选择复制源数据库中现有的表或视图的全部数据(也可以选择用一条查询指定要传输的数据),单击"下一步"按钮,如图 1 - 4 - 15 所示。

选择数据源
选择要从中复制数据的源。

数据源(D):	Microsoft OLE DB Provider for SQL Server　在这里选择数据源 ▼
服务器名称(S):	PC-20121114CBZI ▼

身份验证
　⊙ 使用 Windows 身份验证(W)
　○ 使用 SQL Server 身份验证(Q)
　　用户名(U):
　　密码(P):

数据库(T): 15090001 ▼ | 刷新(R)

帮助(H)　　　　< 上一步(B)　下一步(N) >　完成(F) >>|　取消

图 1-4-13　选择数据源(2)

SQL Server 导入和导出向导

选择目标
指定要将数据复制到何处。

目标(D): ⊠ Microsoft Excel　在这里选择导出的文件类型 ▼

Excel 连接设置
Excel 文件路径(X):
C:\Users\Administrator\Desktop\XS.xls　这里是要导出的EXCEL文件　浏览(W)...

Excel 版本(V):
Microsoft Excel 97-2003　在这里选择文件版本 ▼
☑ 首行包含列名称(F)

帮助(H)　　　　< 上一步(B)　下一步(N) >　完成(F) >>|　取消

图 1-4-14　选择目标(2)

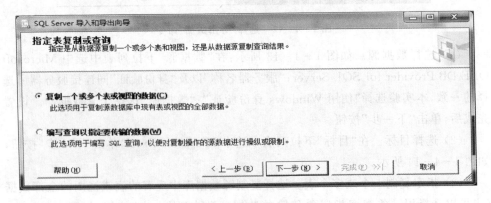

SQL Server 导入和导出向导

指定表复制或查询
指定是从数据源复制一个或多个表和视图,还是从数据源复制查询结果。

⊙ 复制一个或多个表或视图的数据(C)
　此选项用于复制源数据库中现有表或视图的全部数据。

○ 编写查询以指定要传输的数据(W)
　此选项用于编写 SQL 查询,以便对复制操作的源数据进行操纵或限制。

帮助(H)　　　　< 上一步(B)　下一步(N) >　完成(F) >>|　取消

图 1-4-15　指定复制一个或多个表(2)

（4）选择源表和源视图。在要导入的表和视图前面选中"源"复选框，"目标"中出现同样的表名，可以手动修改表名。这里将表名改为 XS，如图 1-4-16 所示。

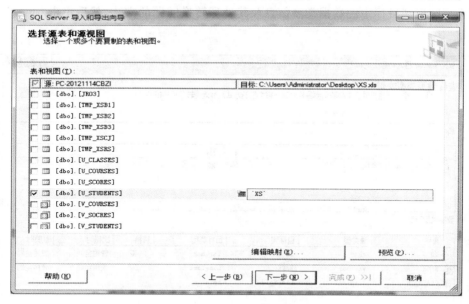

图 1-4-16　选择源表和源视图(2)

（5）单击"编辑映射"按钮进行设置。在图 1-4-16 所示对话框中单击"编辑映射"按钮后进入"列映射"界面，可以对源表和目标表进行操作，修改源表和目标表之间属性的对应关系，修改目标表属性的类型和长度等，如图 1-4-17 所示。修改完

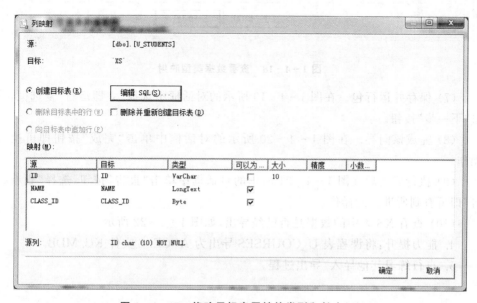

图 1-4-17　修改目标表属性的类型和长度(2)

成后,单击"确定"按钮返回,然后单击"下一步"按钮。

(6)查看数据类型映射。在图1-4-18所示的对话框中选择一个表以查看数据类型映射到目标中的数据类型信息及其处理转换问题的方式,然后单击"下一步"按钮。

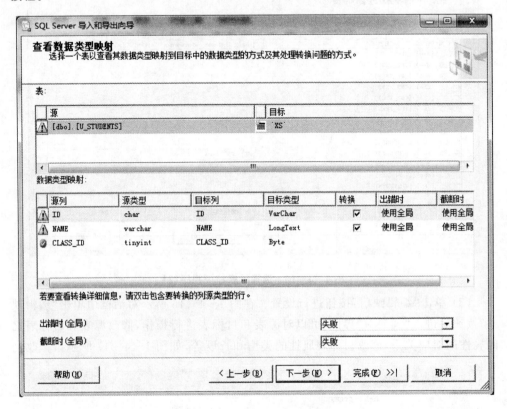

图1-4-18 查看数据类型映射

(7)保存并运行包。在图1-4-19所示的对话框中选择"立即运行"复选框,单击"下一步"按钮。

(8)完成该向导。在图1-4-20所示的对话框中单击"完成"按钮即可执行操作。

(9)执行成功后在图1-4-21所示的对话框中单击"报告"按钮,选择"查看报告"即可看到所进行的操作。

(10)查看 XS 表中的数据是否已经导出,如图1-4-22所示。

4. 能力提升:将课程表 U_COURSES 导出为 ACCESS 文件 KC.MDB。

5. 自行练习其他导入/导出过程。

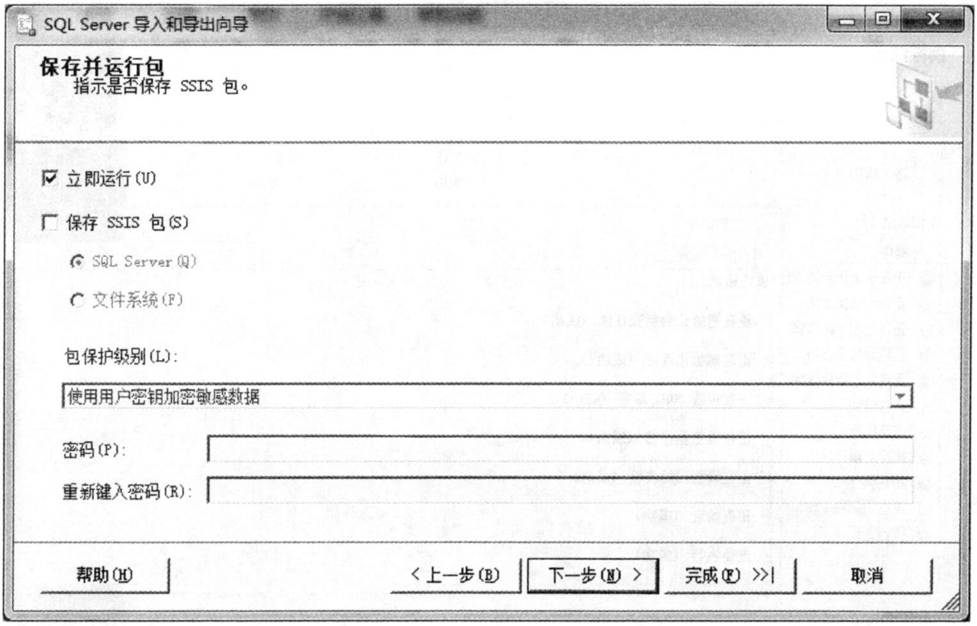

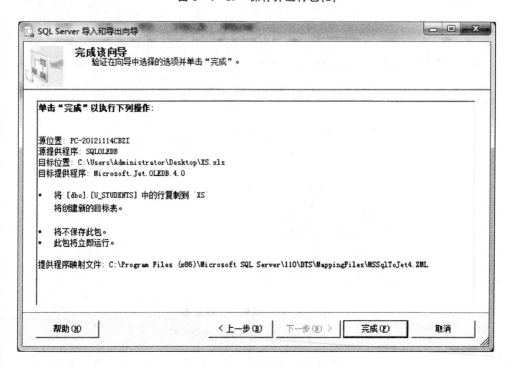

图 1 - 4 - 19 保存并运行包(2)

图 1 - 4 - 20 完成向导(2)

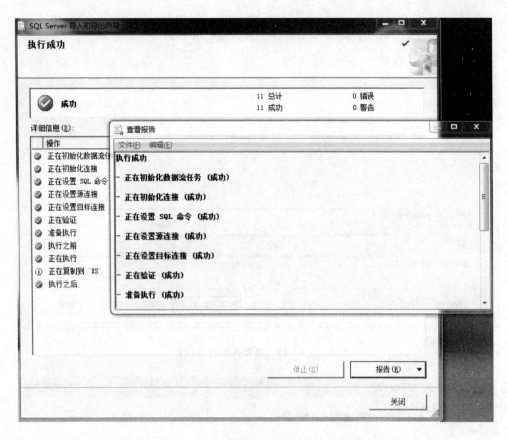

图 1 - 4 - 21 执行成功后查看报告(2)

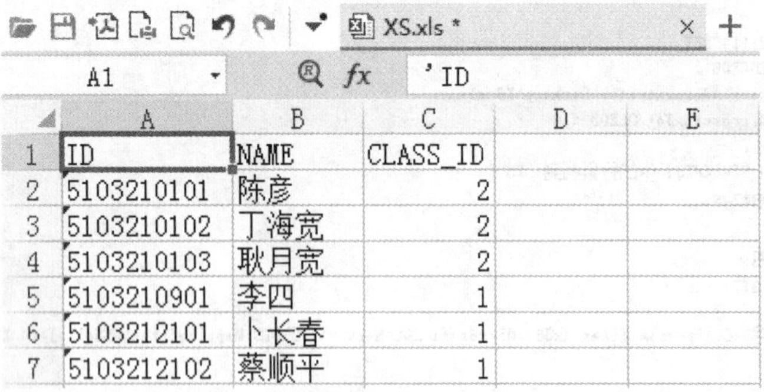

图 1 - 4 - 22 查看导出数据表

实验五　数据查询

【实验目的】

1. 学会使用 SSMS 查询数据。
2. 掌握使用 SQL 语句查询数据。
3. 本实验综合了前面几个实验中的数据库和数据表的建立,以及数据处理、查询知识,并要求熟练掌握 SSMS 与查询分析器的使用。

【实验内容】

1. 使用 SSMS 进行数据查询。
2. 在查询分析器内使用各种 SQL 语句进行综合性数据查询。

【实验准备】

1. 复习与本次实验内容相关的理论知识。
2. 复习查询分析器的使用。
3. 做好预习及实验准备工作。

【实验步骤】

启动查询分析器。在查询分析器中分别执行下列查询语句(有的语句要求自己写出),体会或说明各语句的功能(可以将下面的语句复制到查询分析器,逐条执行。要执行一条语句,请选中该语句,再按 F5 键或单击"执行"按钮)。

1. 查询成绩表(请体会下列语句的功能),各语句执行结果分别如图 1-5-1~图 1-5-5 所示。

语句(一):SELECT * FROM U_SCORES

语句(二):SELECT * FROM U_SCORES WHERE COURSE_ID = 1

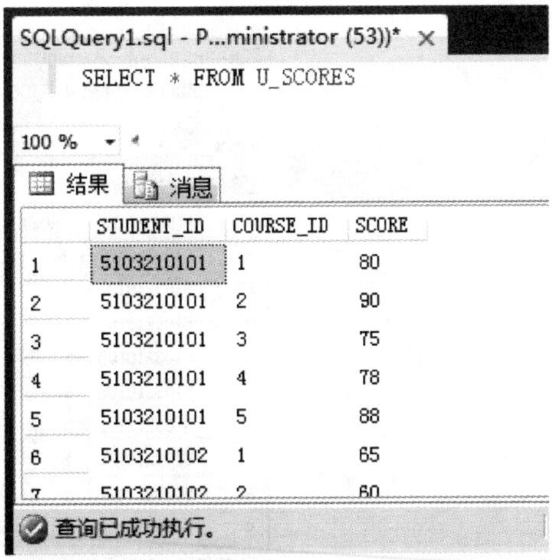

图 1-5-1　执行"SELECT * FROM U_SCORES"语句

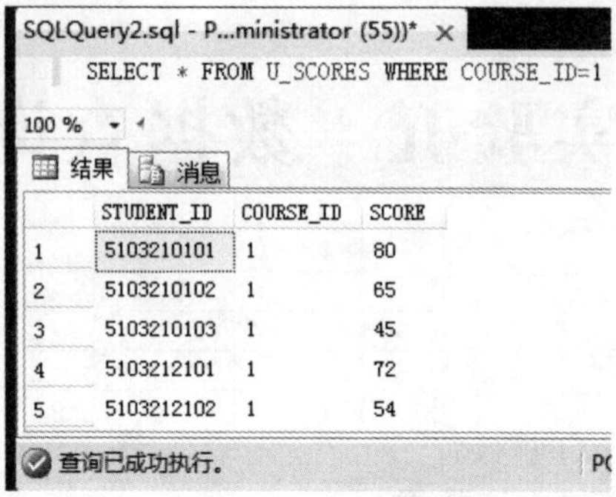

	STUDENT_ID	COURSE_ID	SCORE
1	5103210101	1	80
2	5103210102	1	65
3	5103210103	1	45
4	5103212101	1	72
5	5103212102	1	54

图 1-5-2　执行"SELECT * FROM U_SCORES WHERE COURSE_ID=1"语句

语句(三):SELECT * FROM U_SCORES WHERE STUDENT_ID='5103210102'

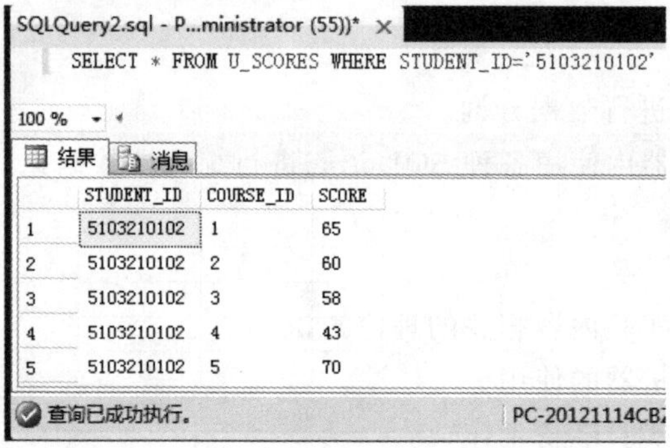

	STUDENT_ID	COURSE_ID	SCORE
1	5103210102	1	65
2	5103210102	2	60
3	5103210102	3	58
4	5103210102	4	43
5	5103210102	5	70

图 1-5-3　执行"SELECT * FROM U_SCORES WHERE STUDENT_ID='5103210102'"语句

语句(四):SELECT * FROM U_SCORES WHERE SCORE<60

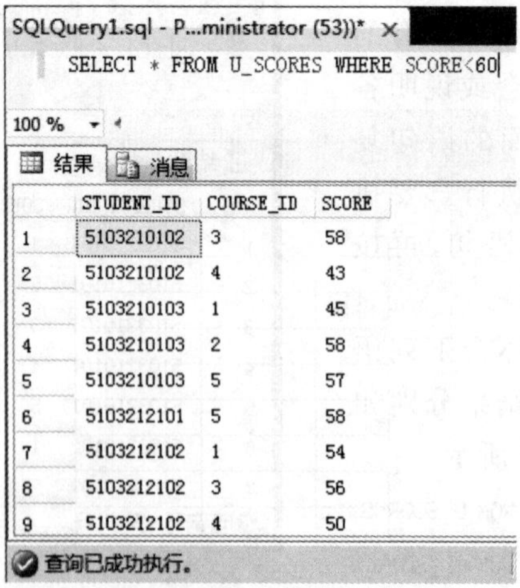

	STUDENT_ID	COURSE_ID	SCORE
1	5103210102	3	58
2	5103210102	4	43
3	5103210103	1	45
4	5103210103	2	58
5	5103210103	5	57
6	5103212101	5	58
7	5103212102	1	54
8	5103212102	3	56
9	5103212102	4	50

图 1-5-4　执行"SELECT * FROM U_SCORES WHERE SCORE<60"语句

语句（五）：SELECT * FROM U_SCORES WHERE SCORE＜60 AND COURSE_ID＝1

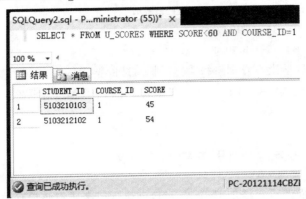

图 1-5-5　执行"SELECT * FROM U_SCORES WHERE SCORE＜60
AND COURSE_ID＝1"语句

2. 请比较下面三个语句，并说明其作用。

语句（一）：SELECT TOP 10 * FROM U_SCORES

语句（二）：SELECT TOP 10 * FROM U_SCORES ORDER BY SCORE

语句（三）：SELECT TOP 10 * FROM U_SCORES ORDER BY SCORE DESC

3. 查询学生表。

语句（一）：SELECT * FROM U_STUDENTS

语句（二）：SELECT * FROM U_STUDENTS ORDER BY CLASS_ID

4. 将查询结果存放于 TMP_XSB1 和 TMP_XSCJ 表中。

（1）

语句：SELECT * INTO DBO.TMP_XSB1 FROM U_SCORES
　　　WHERE SCORE＜60 AND COURSE_ID＝1

（2）请写出查询课程号为 2、成绩大于或等于 70 的学生成绩情况，并将其结果存放于 TMP_XSCJ 表中（在查询语句中，参照上例用 INTO DBO.TMP_XSCJ 子句）。

5. 从成绩表中找出有哪些学生（学号）。

语句：SELECT DISTINCT STUDENT_ID FROM U_SCORES

6. 查询所有学生情况（比较下面的两个语句）。

语句（一）：SELECT A.ID,A.NAME,B.CLASS,B.DEPARTMENT
　　　　　FROM U_STUDENTS A
　　　　　INNER JOIN U_CLASSES B ON A.CLASS_ID＝B.ID

语句（二）：SELECT A.ID,A.NAME,B.CLASS,B.DEPARTMENT
　　　　　FROM U_STUDENTS A,U_CLASSES B
　　　　　WHERE A.CLASS_ID＝B.ID

7. 查询符合一定条件的学生。

(1) 查询班号为 2 的所有学生:

SELECT A. ID, A. NAME, B. CLASS, B. DEPARTMENT

FROM U_STUDENTS A , U_CLASSES B

WHERE A. CLASS_ID = B. ID AND B. ID = 2

(2) 请写出从学生表查询班级为"软件 031"的学生情况(学号、姓名、所在班级、所在系),并请将查询结果用 INTO 子句存放于 DBO. TMP_XSB2 表中。

8. 按班级统计人数。

(1)

语句:SELECT CLASS_ID AS 班号, COUNT(*) AS 人数

　　　FROM U_STUDENTS GROUP BY CLASS_ID

(2) 请将上面的语句添加 INTO 子句,再执行一次并将结果存放于 DBO. TMP_XSRS 表中。

9. 查询所有学生成绩(试比较下面两个语句有何不同,并查看它们的执行结果是否相同)。

语句(一):SELECT A. ID, A. NAME, B. COURSE, C. SCORE

　　　　　FROM U_SCORES C INNER JOIN U_STUDENTS A ON C. STUDENT_ID = A. ID

　　　　　INNER JOIN U_COURSES B ON C. COURSE_ID = B. ID

语句(二):SELECT A. ID, A. NAME, B. COURSE, C. SCORE

　　　　　FROM U_STUDENTS A, U_COURSES B, U_SCORES C

　　　　　WHERE C. STUDENT_ID = A. ID AND B. ID = C. COURSE_ID

10. 统计每个人的平均分。

SELECT A. ID AS 学号, A. NAME AS 姓名, AVG(B. SCORE) AS 平均分,

MAX(B. SCORE) AS 最高分, MIN(B. SCORE) AS 最低分

FROM U_STUDENTS A INNER JOIN U_SCORES B ON B. STUDENT_ID = A. ID

GROUP BY A. ID, A. NAME

ORDER BY 平均分

11. 使用通配符进行查询。

(1) 查找陈姓学生:

SELECT ID, NAME FROM U_STUDENTS

WHERE NAME LIKE '陈%'

(2) 查找姓名第二个字是月的学生:

SELECT ID, NAME FROM U_STUDENTS

WHERE NAME LIKE '_月%'

(3) 请写出查询姓丁的同学的查询语句,并将其结果用 INTO 子句存放于 DBO. TMP_XSB3 中。

12. 嵌套查询与连接查询的练习。

(1) 查看有不及格课程的学生名单:

```
SELECT A.ID AS 学号,A.NAME AS 姓名
FROM U_STUDENTS A WHERE A.ID
IN (SELECT DISTINCT B.STUDENT_ID
      FROM U_SCORES B WHERE SCORE＜60)
```

（2）查看没有不及格课程的学生名单（请参照上面的语句写出查询语句）。

（3）查看成绩在 50～60 分之间（含 50 分和 60 分）的学生及其各课程成绩：

```
SELECT A.ID,A.NAME,B.COURSE,C.SCORE
FROM U_SCORES C INNER JOIN U_STUDENTS A ON C.STUDENT_ID = A.ID
INNER JOIN U_COURSES B ON C.COURSE_ID = B.ID
WHERE C.SCORE BETWEEN 50 AND 60
```

13. 下面第一个语句是查找任一课程成绩在 80 分以上的学生，试与第二个语句进行比较，看看结果是否一样？如果不一样，想想这是为什么？

语句（一）:SELECT A.ID,A.NAME FROM U_STUDENTS A
          WHERE EXISTS（SELECT ＊ FROM U_SCORES B
                        WHERE A.ID = B.STUDENT_ID AND B.SCORE＞80）

语句（二）:SELECT A.ID,A.NAME FROM U_STUDENTS A
          WHERE NOT EXISTS（SELECT ＊ FROM U_SCORES B
                            WHERE A.ID = B.STUDENT_ID AND B.SCORE＜ = 80）

14. 查看数据库中是否存在下面的表：

DBO.TMP_XSB1

DBO.TMP_XSB2

DBO.TMP_XSB3

DBO.TMP_XSCJ

DBO.TMP_XSRS

如果有，那么实验就完成了。请关闭查询分析器，结束实验。

实验六　视图与索引

【实验目的】

1. 学会使用 SSMS 建立视图与索引。
2. 掌握使用 SQL 语句建立视图与索引。

【实验内容】

1. 使用 SSMS 建立视图与索引。
2. 使用 SQL 语句建立视图与索引。

【实验准备】

1. 复习与本次实验内容相关的理论知识。
2. 做好预习及实验数据准备工作。

【实验步骤】

1. 用 SSMS 建立一个基于学生表、课程表、成绩表的视图，要求该视图显示学号、姓名、课程、成绩。

（1）启动 SSMS 并连接服务器。

（2）在"对象资源管理器"列表中找到以自己学号命名的数据库，右击"视图"并在弹出的快捷菜单中选择"新建视图"命令，如图 1-6-1 所示。

（3）在随后弹出的图 1-6-2 所示的"添加表"对话框中，依次添加 U_SCORES 表、U_STUDENTS 表和 U_COURSES 表，然后单击"关闭"按钮。

（4）在关系窗口中，拖动 U_STUDENTS 表的 ID 至 U_SCORES 的 STUDENT_ID，拖动 U_COURSES 表的 ID 至 U_SCORES 的 COURSE_ID，再分别选中 U_STUDENTS 表的 ID 和 NAME 复选框，以及 U_COURSES 表的 COURSE 复选框、U_SCORES 表的 SCORE 复选框，如图 1-6-3 所示。

（5）在图 1-6-4 所示窗口中单击"!"按钮，即显示视图结果。

（6）在图 1-6-5 所示窗口中单击"保存"按钮，将视图保存为 V_SCORES，然后，在弹出的"另存为"对话框中单击"确定"按钮即保存成功。

2. 用查询分析器建立一个基于学生表、班级表的学生视图 V_STUDENTS，包括学号、姓名、班级、系。

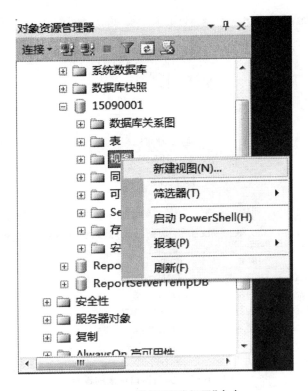

图 1-6-1 选择"新建视图"命令

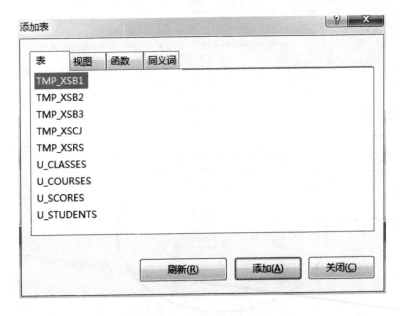

图 1-6-2 "添加表"对话框

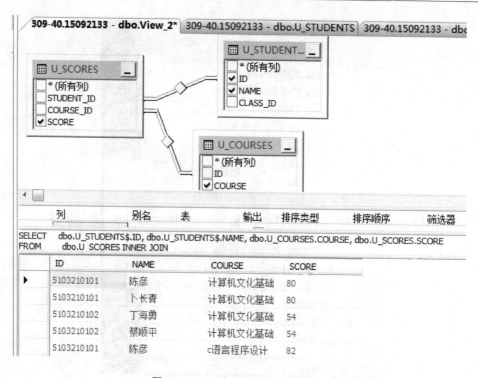

图 1 - 6 - 3　关系窗口中表的连接

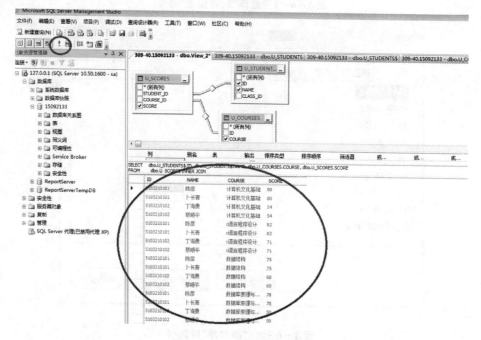

图 1 - 6 - 4　显示视图结果

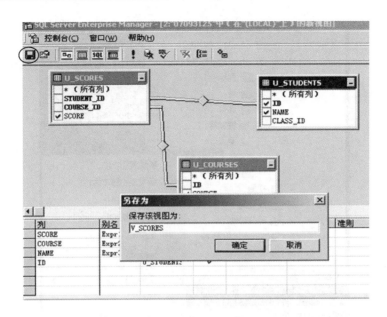

图 1 - 6 - 5 将视图保存为 V_SCORES

SQL 语句如下：

```
CREATE VIEW V_STUDENTS
AS
SELECT U_STUDENTS.ID，U_STUDENTS.NAME，U_CLASSES.CLASS，U_CLASSES.DEPARTMENT
FROM U_STUDENTS INNER JOIN
U_CLASSES ON U_STUDENTS.CLASS_ID = U_CLASSES.ID
```

3. 请使用 SQL 语句建立一个基于课程表的视图 V_COURSES，要求显示课程编号、课程名、学分。

4. 查看索引。

(1) 在 SSMS 中打开 U_STUDENTS 表，然后展开"索引"，如图 1 - 6 - 6 所示。

(2) 可以看到索引 PK__U_STUDEN__3214EC27B5D8BCA2（聚集），右击该索引选项，在如图 1 - 6 - 7 所示右键快捷菜单中选择"属性"，然后即可在弹出的属性窗口内查看该索引的各项属性（该索引是聚集索引）。

5. 为学生表按班级建立一个非聚集索引 FK_U_STUDENTS，操作过程如下：

图 1 - 6 - 6 展开"索引"

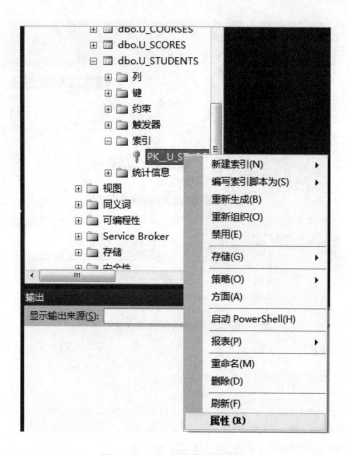

图 1-6-7 查看索引的属性

(1) 右击学生表下的"索引",在弹出的快捷菜单中选择"新建索引"→"非聚集索引"命令,如图 1-6-8 所示。

(2) 在随后弹出的图 1-6-9 所示的"新建索引"窗口中,将索引名改为 FK_U_STUDENTS。

(3) 在图 1-6-10 所示的对话框中添加列名 CLASS_ID 后,单击"确定"按钮完成非聚集索引的建立。

6. 能力提升:用 SQL 语句为 U_COURSES 表建立一个基于课程名的非聚集索引 IX_U_COURSES:

```
CREATE INDEX IX_U_COURSES
ON U_COURSES(COURSE)
ON [PRIMARY]
```

7. 能力提升:用 SQL 语句为班级表建立一个基于班级名称的非聚集索引 IX_U_CLASSES。

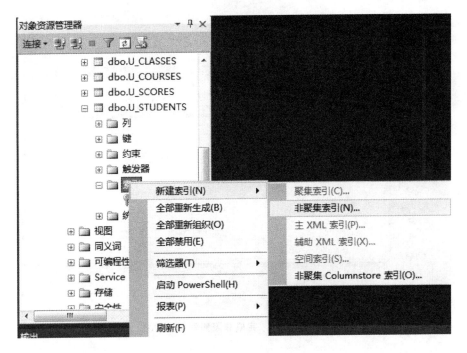

图 1 - 6 - 8 新建索引

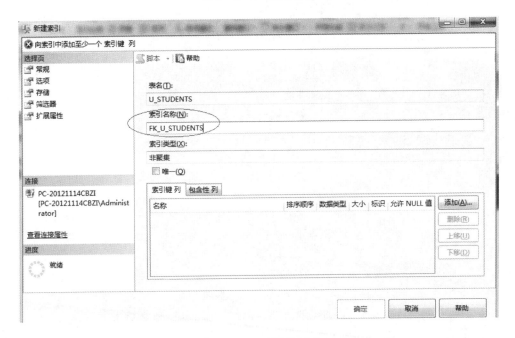

图 1 - 6 - 9 新建索引名

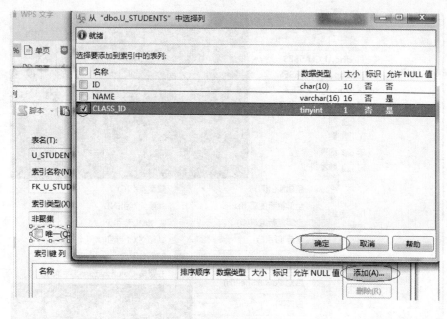

图 1 - 6 - 10 完成非聚集索引的建立

实验七　T - SQL 编程

【实验目的】

1. 掌握 T - SQL 编程的基本语法。
2. 掌握常用函数的使用方法。

【实验内容】

1. 使用查询分析器练习 T - SQL 编程方法。
2. 练习函数的使用。

【实验准备】

1. 复习与本次实验内容相关的理论知识。
2. 查阅并预习 CONVERT、DATENAME、GETDATE 等函数的用法。
3. 做好预习及实验数据准备工作。

【实验步骤】

1. 使用查询分析器练习条件结构语句。

(1) 在查询分析器中执行下面的语句,体会 IF…ELSE…结构的用法:

```
DECLARE @CJ TINYINT
SELECT @CJ = SCORE FROM U_SCORES WHERE STUDENT_ID = '5103210101' AND COURSE_ID = 2
-- SELECT @CJ
IF @CJ > = 60
    PRINT '及格'
ELSE
    PRINT '不及格'
PRINT '分数为:' + CONVERT(CHAR(2),@CJ)
```

上述条件结构语句输入及结果显示的窗口如图 1 - 7 - 1 所示。

(2) 将上述语句中学号改为 5103210102,课程号改为 3,并查看执行结果。

(3) 能力提升:编写一段程序判断一个年份(如 1900 年)是否是闰年,若是则显示"1900 年为闰年",否则显示"1900 年不是闰年"。

2. 使用查询分析器练习循环结构语句。

(1) 下面的语句是计算 1～100 求和的循环结构,执行并体会循环结构程序(注

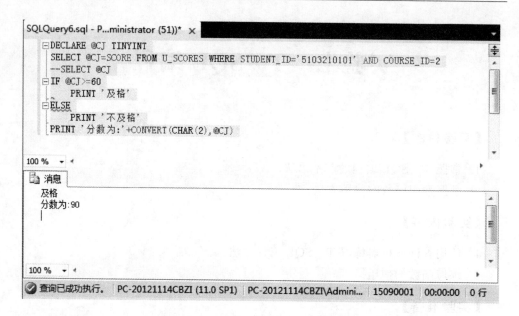

图 1-7-1 条件结构语句输入及结果显示

意语句块标志 BEGIN…END):

```
DECLARE @SUM INT,@I INT
SELECT @I = 1,@SUM = 0
WHILE @I< = 100
BEGIN
    SELECT @SUM = @SUM + @I
    SELECT @I = @I + 1
END
PRINT '1...100 的和为:' + CONVERT(CHAR(4),@SUM)
```

循环结构语句输入及结果显示的窗口如图 1-7-2 所示。

(2)能力提升:编写一段程序用于计算 10 的阶乘。

(3)能力提升:运用循环结构和条件结构语句,编写一段程序,要求其能打印出 100 以内的素数(只能被其自身和 1 整除的数)。

3. 使用查询分析器练习 CASE 结构语句。

(1)输入下面的程序并显示每位学生的每门课程是否及格:

```
SELECT S.ID,S.NAME,C.COURSE,
    CASE
        WHEN SC.SCORE> = 60 THEN '及格'
        ELSE '不及格'
    END SCORE
FROM U_SCORES SC INNER JOIN U_COURSES C ON SC.COURSE_ID = C.ID
```

INNER JOIN U_STUDENTS S ON SC.STUDENT_ID = S.ID

　　显示每位学生的每门课程是否及格的窗口如图1-7-3所示。

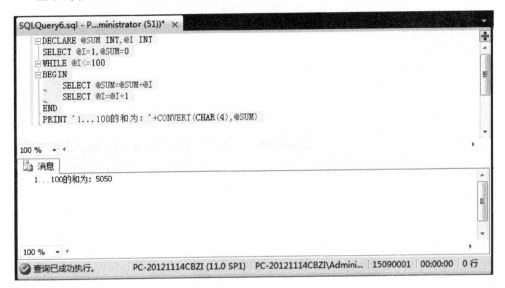

图1-7-2　循环结构语句输入及结果显示

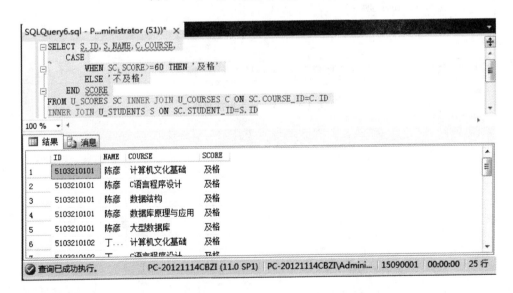

图1-7-3　显示每位学生的每门课程是否及格

　　(2) 能力提升:编程实现每位学生的成绩以分数等级显示,即90分及以上为优,80分(含)到90分为良,70分(含)到80分为中,60分(含)到70分为及格,60分以下为不及格。

4. 执行下面的查询语句并显示当前日期,显示格式为:"今天是 XXXX 年 XX 月 XX 日,星期 X",执行并体会系统函数的用法。

```
SELECT '今天是'+
DATENAME(YEAR,GETDATE())+'年'
 + DATENAME(MONTH,GETDATE())+'月'
 + DATENAME(DAY,GETDATE())+'日'
 + DATENAME(WEEKDAY,GETDATE())
```

显示当前日期的窗口如图 1-7-4 所示。

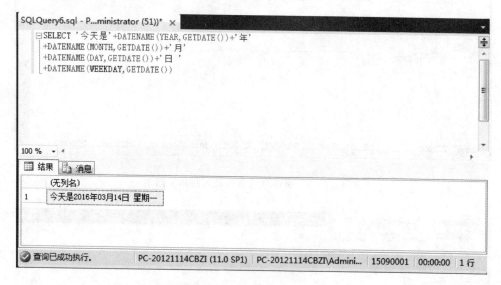

图 1-7-4 显示当前日期

实验八　存储过程

【实验目的】

掌握创建存储过程的基本方法。

【实验内容】

1. 用 SSMS 创建存储过程。
2. 用查询分析器创建存储过程。

【实验准备】

1. 复习与本次实验内容相关的理论知识。
2. 做好预习及实验准备工作。

【实验步骤】

1. 用 SSMS 创建一个存储过程:该存储过程用于向学生表添加记录。

(1) 打开 SSMS 并连接到服务器,完成后打开服务器,依次展开"数据库"→个人数据库(这里为 15090001)→"可编程性",展开"存储过程",右击并在弹出的快捷菜单中选择"新建存储过程"命令,如图 1-8-1 所示。

图 1-8-1　选择"新建存储过程"命令

(2) 随后弹出如图 1-8-2 所示的新建存储过程的代码编写窗口,这里显示了 CREATE PROCEDURE 语句模板,可以修改要创建的存储过程名称,然后在存储过程的 BEGIN…END 代码块中添加需要的 SQL 语句。如不需要该模板,也可自行输入代码。

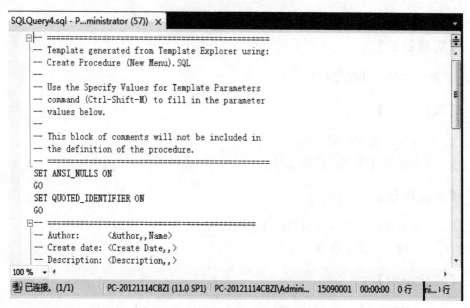

图 1-8-2 新建存储过程的代码编写窗口

(3) 创建一个用于向学生表添加记录的存储过程 INSERT_U_STUDENTS,代码如图 1-8-3 所示。

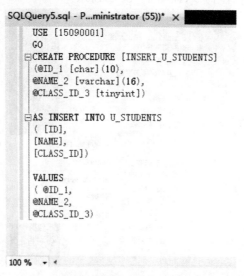

图 1-8-3 存储过程 INSERT_U_STUDENTS 的代码

(4) 执行完成后刷新,即可在存储过程中找到刚刚新建的存储过程,如图 1 - 8 - 4 所示。

2. 参照上述过程,用 SSMS 创建一个插入课程记录的存储过程 INSERT_U_ COURSES。

3. 参照上述过程,用 SSMS 创建一个修改学生姓名的存储过程 UPDATE_U_ STUDENTS,代码如图 1 - 8 - 5 所示。输入完成后单击执行按钮"!",执行成功后刷新即可看到新建的存储过程。

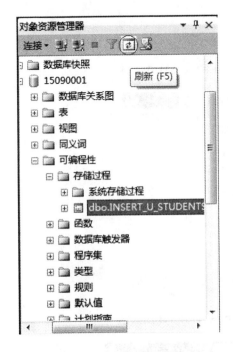

图 1 - 8 - 4 新建的存储过程   图 1 - 8 - 5 修改学生姓名的存储过程代码

4. 能力提升:用 SQL 语句建立一个更改课程名称的存储过程 UPDATE_U_ COURSES。

5. 在查询分析器中验证上述存储过程。

(1) 启动查询分析器。

(2) 分别执行如图 1 - 8 - 6、图 1 - 8 - 7 中所示的命令,验证上述存储过程。

(3) 其他存储过程请自行验证。

6. 在查询分析器中,用 SQL 语句建立一个存储过程 DISPTODAY,要求该存储过程显示当前日期,格式如下:

今天是 XXXX 年 XX 月 XX 日 星期 X

并进行验证(参见图 1 - 8 - 8)。

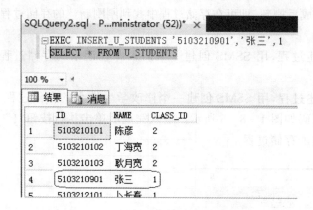

图 1 - 8 - 6 执行存储过程 INSERT_U_STUDENTS

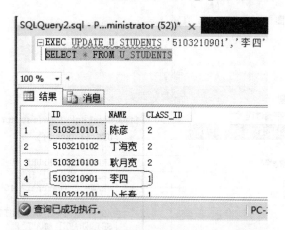

图 1 - 8 - 7 执行存储过程 UPDATE_U_STUDENTS

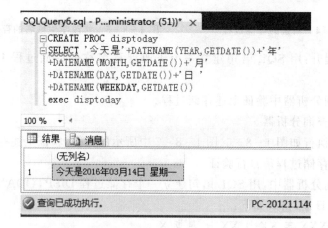

图 1 - 8 - 8 存储过程 DISPTODAY 的建立与执行

第二篇 各章知识点与习题解析

本篇对各章所涉及的知识点进行了大致分类，包括需要了解的、需要理解的、需要掌握的、需要设计的和需要形成创新思维的，并给出了每一章的难点。然后给出了相关习题与解答。希望读者通过习题的练习，复习并掌握学习内容，进一步加深对基本概念的理解、对基本知识的掌握以及对基本技术的应用，快速提高分析问题和解决问题的能力。

第1章 数据库系统概述

1.1 知识框架与学习要求

本章阐述了数据库的基本概念,介绍了数据管理技术的产生和发展情况、数据库技术的产生和发展背景、数据库系统的组成以及数据库技术的主要研究领域。

本章的学习重点在于对基本概念和基本知识的把握,从而为以后的学习打下扎实的基础。

本章所讲解的数据库基本概念和基本知识是学习后续各个章节的基础。

本章内容较多,为了使读者在学习过程中更有针对性,对所涉及的知识进行如下分类。

(1) 需要了解的:了解数据管理技术的产生和发展过程、数据库系统的优点、层次数据模型与网状数据模型的基本概念、数据库系统的组成、DBA 的职责等。

这部分内容有的是知识性的,例如数据管理技术的产生和发展的历史过程。读者在一定程度上了解数据库技术的发展脉络,将有助于了解数据库系统的优点以及数据库系统文件与文件系统之间的区别。

这部分内容有的是技术性和概念性的,例如数据模型的基本概念。由于当前最常用的是关系数据系统,本书的重点就放在关系数据库系统技术的讨论上,因此把层次数据模型和网状数据模型的内容精简和压缩后放在第 1 章中介绍。这是因为这两类数据库系统可以归为第一代数据库系统,占有重要的地位,读者必须有所了解。这两类系统虽然各有缺点,但是执行效率高,国外早期开发的许多采用层次数据模型或网状数据模型的应用系统目前仍然处于实际运行中。

(2) 需要理解并掌握的:掌握概念模型的基本概念及主要建模方法——E - R 方法;掌握关系数据模型的相关概念、数据库系统三级模式与二级映像的体系结构、数据库系统的逻辑独立性与物理独立性等。

(3) 需要根据需求进行设计的:对于如何通过 E - R 方法描述现实世界的概念模型,要求能够根据现实生活的实际需求进行 E - R 模型设计。

(4) 难点:本章的难点在于读者要在短时间内学习数据库领域大量的基本概念,有些概念对于刚刚学习数据库的读者来说会比较抽象,不易理解。但是随着学习过程的逐渐推进,在后续章节中,这些抽象的概念会变得越来越清晰和具体。

此外,数据模型及数据库系统的体系结构也使读者对本章的这些基本概念得到更好的理解,并真正掌握它们,逐步形成创新型思维。

1.2 习题与解答

1. 试述数据、数据库、数据库系统、数据库管理系统的概念。

答：

（1）数据（Data）：描述事物的符号记录称为数据。数据的种类有数字、文字、图形、图像、声音、正文等。数据与其语义是不可分的。

（2）数据库（DataBase，DB）：数据库是长期存储在计算机内的、有组织的、可共享的数据集合。数据库中的数据按一定的数据模型组织、描述和存储，具有较小的冗余度、较高的数据独立性和易扩展性，并可为各种用户共享。

（3）数据库系统（DataBase Sytem，DBS）：数据库系统是指在计算机系统中引入数据后的系统构成，一般由数据库、数据库管理系统（及其开发工具）、应用系统、数据库管理员构成。

（4）数据库管理系统（DataBase Management Sytem，DBMS）：数据库管理系统是位于用户与操作系统之间的一层数据管理软件，用于科学地组织和存储数据，高效地获取和维护数据。DBMS 的主要功能包括数据定义功能、数据操纵功能、数据库的运行管理功能、数据库的建立和维护功能。

2. 使用数据库有什么好处？

答：使用数据库系统的好处是由数据库管理系统的特点或优点决定的。

使用数据库系统的好处很多，例如：可以大大提高应用开发的效率；方便用户的使用；减轻数据库系统管理人员维护的负担；等等。

使用数据库系统可以大大提高应用开发的效率。这是因为在数据库系统中应用程序不必考虑数据的定义、存储和数据存取的具体路径，这些工作都由 DBMS 来完成。用一个通俗的比喻来说就是，使用了 DBMS 就如同有了一个好参谋、好助手，许多具体的技术工作都由这个助手来完成。开发人员就可以专注于应用逻辑的设计，而不必为数据管理的许许多多复杂的细节操心。

还有，当应用逻辑改变，数据的逻辑结构也需要改变时，由于数据库系统提供了数据与程序之间的独立性，数据逻辑结构的改变是 DBA 的责任，开发人员不必修改应用程序，或者只需要修改很少量的应用程序，从而既简化了应用程序的编制，大大减小了应用程序维护和修改的工作量。

使用数据库系统可以减轻数据库系统管理人员维护系统的负担。这是因为DBMS 在数据库建立、运用和维护时对数据库进行统一的管理和控制，包括数据的完整性、安全性、多用户并发控制、故障恢复等，都由 DBMS 执行。

总之，使用数据库系统的优点是很多的，既便于数据的集中管理，控制数据冗余，提高数据的利用率和一致性，又有利于应用程序的开发和维护。

3. 试述文件系统与数据库系统的区别和联系。

答:文件系统与数据库系统的区别如下:

(1) 文件系统面向某一应用程序,共享性差,冗余度大,数据独立性差,记录内有结构,整体无结构,由应用程序自己控制。

(2) 数据库系统面向现实世界,共享性高,冗余度小,具有较高的物理独立性和一定的逻辑独立性,整体结构化,用数据模型描述,由数据库管理系统提供数据的安全性、完整性、并发控制和恢复能力。

文件系统与数据库系统的联系是:文件系统与数据库系统都是计算机系统中管理数据的软件。

4. 举出适合用文件系统而不适合用数据库系统的应用实例;再举出适合用数据库系统的应用实例。

答:

(1) 适合用文件系统而不适合用数据库系统的应用实例有:

数据的备份、软件或应用程序使用过程中的临时数据存储一般使用文件系统比较合适。早期功能比较简单、比较固定的应用系统也适合用文件系统。

(2) 适合用数据库系统而非文件系统的应用实例有:

目前,几乎所有实际应用中的信息系统都以数据库系统为基础,都使用数据库。例如:工厂的管理信息系统(其中包括许多子系统,如库存管理系统、物资采购系统、作业调度系统、设备管理系统、人事管理系统等)、学校的学生管理系统、人事管理系统、图书馆的图书管理系统等,都适合用数据库系统。

5. 试述数据库系统的特点。

答:数据库系统的主要特点如下:

(1) 数据结构化。数据库系统实现整体数据的结构化,这是数据库的主要特征之一,也是数据库系统与文件系统的本质区别。

(2) 数据的共享性高,冗余度低,易扩充。数据库的数据不再面向某个应用而是面向整个系统,因此可以被多个用户、多个应用以多种语言共享使用。由于数据面向整个系统,是有结构的数据,不仅可以被多个应用共享使用,而且容易增加新的应用,这就使得数据库系统弹性大,易于扩充。

(3) 数据独立性高。数据独立性包括数据的物理独立性和逻辑独立性。数据库管理系统的模式和两级映像功能保证了数据库中的数据具有很高的物理独立性和逻辑独立性。

(4) 数据由 DBMS 统一管理和控制。数据库的共享是并发的共享,即多个用户可以同时存取数据库中的数据,甚至可以同时存取数据库中的同一个数据。为此 DBMS 必须提供统一的数据控制功能,包括数据的安全性保护、完整性检查、并发控制和数据库恢复。

6. 数据库管理系统的主要功能有哪些?

答:

(1) 数据库定义功能;

(2) 数据存取功能;

(3) 数据库运行管理功能;

(4) 数据库的建立和维护功能。

7. 试述数据模型的概念、作用及其三个组成要素。

答: 数据模型是数据库中用来对现实世界进行抽象的工具,是数据库中用于提供信息表示和操作手段的形式构架。

一般来讲,数据模型是严格定义的概念的集合。这些概念精确地描述了系统的静态特性、动态特性和完整性约束条件。因此,数据模型通常由数据结构、数据操作和数据的完整性约束条件三个要素组成。

(1) 数据结构:是研究的对象类型的集合,是对系统静态特性的描述。

(2) 数据操作:是指对数据库中各种对象(型)的实例(值)允许进行的操作的集合,包括操作及有关的操作规则,是对系统动态特性的描述。

(3) 数据的完整性约束条件:是一组完整性规则的集合。完整性规则是给定的数据模型中数据及其联系所具有的制约和依存规则,用以限定符合数据模型的数据库状态的变化,以保证数据的正确、有效、相容。

8. 试述概念模型的作用。

答: 概念模型实际上是现实世界到机器世界的一个中间层次。概念模型用于信息世界的建模,是现实世界到信息世界的第一层抽象,是数据库设计人员进行数据库设计的有力工具,也是数据库人员和用户之间进行交流的语言。

9. 试给出三个实际部门的 E-R 图,要求实体型之间具有一对一、一对多、多对多的不同联系。

答: 具有一对一联系、一对多联系、多对多联系的 E-R 图如图 2-1-1 所示。

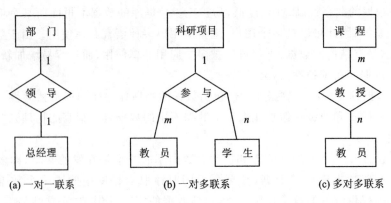

(a) 一对一联系   (b) 一对多联系   (c) 多对多联系

图 2-1-1 具有一对一联系、一对多联系、多对多联系的 E-R 图

10. 试给出一个实际部门的 E-R 图,要求有三个实体型,而且三个实体型之间有多对多联系。三个实体型之间的多对多联系和三个实体型两两之间的三个多对多联系等价吗?为什么?

答:三个实体型之间的多对多联系和三个实体型两两之间的三个多对多联系如图 2-1-2、图 2-1-3 所示。

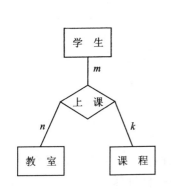

图 2-1-2 三个实体型之间的
多对多联系

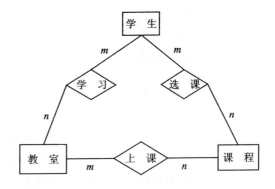

图 2-1-3 三个实体型两两之间的
三个多对多联系

由图 2-1-2 可知,三个实体型之间的多对多联系和三个实体型两两之间的三个多对多联系并不等价,因为其中的联系并不相同,联系的属性也有可能不同。

11. 假设某学校的图书馆要建立一个数据库,保存读者、图书和读者借/还书记录等信息。为了建立该数据库,请先设计出 E-R 图。假设:

读者的属性有:读者号、姓名、年龄、地址和单位。

每本书的属性有:书号、书名、作者和出版社。

对每个读者借的每本书有:借出日期和应还日期。

答:图书馆数据库 E-R 图如图 2-1-4 所示。

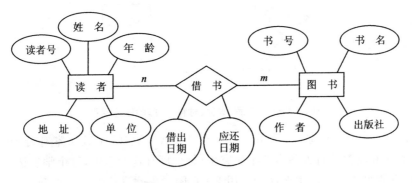

图 2-1-4 图书馆数据库 E-R 图

12. 设某商业单位需建立商务数据库用以处理销售记账,它记录的数据包括:顾客姓名、所在单位及电话号码;商品名称、型号及单价;某顾客购买某商品的数量及日期。假定无同名顾客,无同型号的商品,电话公用,顾客可在不同日期购买同一商品。

请画出该商务数据库的E-R模型。

答:该商务数据库E-R模型如图2-1-5所示。

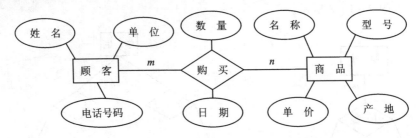

图2-1-5 某商务数据库E-R模型

13. 某工厂生产若干产品,每种产品由不同的零件组成,有的零件可用在不同的产品上。这些零件由不同的原料制成,不同零件所用的材料可以相同。这些零件按所属的不同产品分别放在仓库中,原材料按照类别放在若干仓库中。请用E-R图画出此工厂产品、零件、材料、仓库的概念模型。

答:此工厂产品、零件、材料、仓库的概念模型如图2-1-6所示。

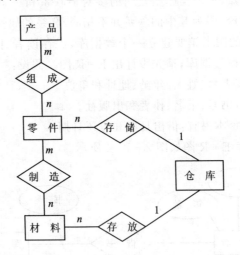

图2-1-6 产品、零件、材料、仓库的概念模型

14. 学校中有若干系,每个系有若干班级和教研室,每个教研室有若干教员,其中有的教授和副教授每人各带若干研究生;每个班有若干学生,每个学生选修若干课程,每门课程可由若干学生选修。请用E-R图画出此学校的概念模型。

答:学校的概念模型如图2-1-7所示。

15. 今有一个层次数据库实例(如图2-1-8所示),使用子女-兄弟链接法和层次序列链接法画出它的存储结构示意图。

答:使用子女-兄弟链接法画出存储结构示意图如图2-1-9所示。图中:虚线

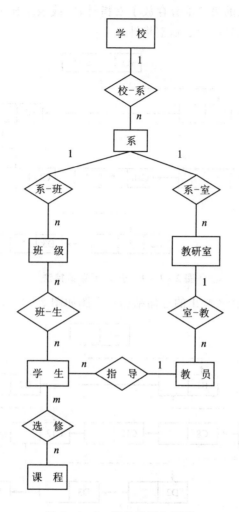

图 2-1-7　学校的概念模型

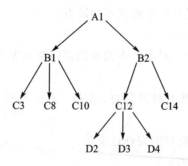

图 2-1-8　层次数据库实例

表示子女链,记录结构的第二部分存放子女指针;实线表示兄弟链,记录结构的第三部分存放兄弟指针;星号(*)表示空指针。

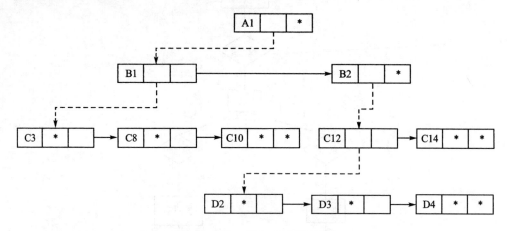

图 2-1-9　子女-兄弟链接法

使用层次序列链接法画出的存储结构示意图如图 2-1-10 所示。

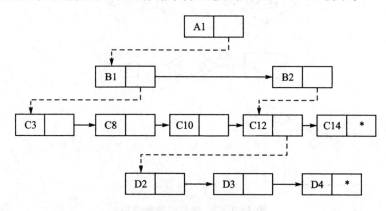

图 2-1-10　层次序列链接法

16. 试述层次模型、网状模型的优点和缺点。

答:层次模型的优点主要有:

(1) 模型简单,对具有一对多层次关系的部门描述非常自然、直观,容易理解,这是层次模型的突出优点。

(2) 用层次模型的应用系统性能好,特别是对于那些实体间联系是固定的且预先定义好的应用。

(3) 层次模型提供了良好的完整性支持。

层次模型的缺点主要有:

(1) 现实世界中很多联系是非层次性的,如多对多联系、一个结合具有多个双亲等,层次模型不能自然地表示这类联系,只能通过引入冗余数据或引入虚拟结合来解决。

（2）对插入和删除操作的限制比较多。

（3）查询子女结点必须通过双亲结点。

网状模型的优点主要有：

（1）能够更为直接地描述现实世界，如一个结点可以有多个双亲。

（2）具有良好的性能，存取效率较高。

网状模型的缺点主要有：

（1）结构比较复杂，而且随着应用环境的扩大，数据库的结构就变得越来越复杂，不利于最终用户掌握。

（2）其 DDL、DML 语言复杂，用户不容易使用。

（3）由于记录之间的联系是通过存取路径实现的，应用程序在访问数据时必须选择适当的存取路径。因此，用户必须了解系统结构的细节，加重了编写应用程序的负担。

17．试述关系模型的特点。

答：关系模型具有下列优点：

（1）关系模型与非关系模型不同，它是建立在严格的数学概念的基础上的。

（2）关系模型的概念单一，无论实体还是实体之间的联系都用关系表示，操作的对象和操作的结果都是关系，所以其数据结构简单、清晰，用户易懂易用。

（3）关系模型的存取路径对用户透明，从而具有更高的数据独立性、更好的安全保密性，也简化了程序员的工作和数据库开发建立的工作。

当然，关系模型也有缺点，其中最主要的缺点是，由于存取路径对用户透明，查询效率往往不如非关系模型。因此为了提高性能，必须对用户的查询请求进行优化，增加了开发数据库管理系统的难度。

18．试述数据库系统的三级模式结构及其优点。

答：数据库系统的三级模式结构由外模式、模式和内模式组成。

外模式，亦称子模式或用户模式，是数据库用户（包括应用程序员和最终用户）能够看见和使用的局部数据逻辑结构和特征的描述，是数据库用户的数据视图，是与某一应用有关的数据的逻辑表示。

模式，亦称逻辑模式，是数据库中全体数据的逻辑结构和特征的描述，是所有用户的公共数据视图。模式描述的是数据的全局逻辑结构。外模式涉及的是数据的局部逻辑结构，通常是模式的子集。

内模式，亦称存储模式，是数据在数据库系统内部的表示，即对数据的物理结构和存储方式的描述。

数据库系统的三级模式是对数据的三个抽象级别，它把数据的具体组织留给DBMS 管理，使用户能逻辑抽象地处理数据，而不必关心数据在计算机中的表示和存储。

为了能够在内部实现这三个抽象层次的联系和转换,数据库系统在这三级模式之间提供了两级映像:外模式/模式映像和模式/内模式映像。正是这两级映像保证了数据库系统中的数据能够具有较高的逻辑独立性和物理独立性。

19. 什么叫数据与程序的逻辑独立性?什么叫数据与程序的物理独立性?为什么数据库系统具有数据与程序的独立性?

答:数据与程序的逻辑独立性:当模式改变时(例如增加新的关系、新的属性、改变属性的数据类型等),由数据库管理员对各个外模式/模式的映像进行相应的改变,可以使外模式保持不变。应用程序是依据数据的外模式编写的,从而应用程序也不必修改,保证了数据与程序的逻辑独立性,简称数据的逻辑独立性。

数据与程序的物理独立性:当数据库的存储结构改变时,由数据库管理员对模式/内模式映像进行相应的改变,可以使模式保持不变,从而应用程序也不必改变,保证了数据与程序的物理独立性,简称数据的物理独立性。

数据库管理系统在三级模式之间提供的两级映像保证了数据库系统中的数据能够具有较高的逻辑独立性和物理独立性。

20. 试述数据库系统的组成。

答:数据库系统一般由数据库、数据库管理系统(及其开发工具)、应用系统、数据库管理员和用户构成。

21. DBA 的职责是什么?

答:DBA 负责全面地管理和控制数据库系统。具体职责包括:

(1)决定数据库的信息内容和结构。

(2)决定数据库的存储结构和存取策略。

(3)定义数据的安全性要求和完整性约束条件。

(4)监督和控制数据库的使用和运行。

(5)改进和重组数据系统。

22. 系统分析员、数据库设计人员、应用程序员的职责分别是什么?

答:系统分析员负责应用系统的需求分析和规范说明,要和用户及 DBA 相结合,确定系统的硬件和软件配置,并参与数据库系统的概要设计。

数据库设计人员负责数据库中数据的确定、数据库各级模式的设计。数据库设计人员必须参加用户需求调查和系统分析,然后进行数据库设计。在很多情况下,数据库设计人员由数据库管理员担任。

应用程序员负责设计和编写应用系统的程序模块,并进行调试和安装。

第 2 章　关系数据库

2.1　知识框架与学习要求

关系模型和关系数据库是数据库课程学习的重点内容。因此,掌握本章的内容是学习后续各章节的基础。

(1) 需要了解的:了解关系数据库理论的产生和发展过程,了解关系数据库产品的发展与变革,了解关系演算的概念。

(2) 需要理解并牢固掌握的:理解并牢固掌握关系模型的三个组成部分及各部分所包括的主要内容;牢固掌握关系数据结构及其形式化定义;理解并牢固掌握关系的三类完整性约束概念。

(3) 需要结合实例设计与创新的:关系代数(包括抽象的语言和具体的语言);关系代数中的各种运算及域关系演算语言 QBE 等,能够用这些语言完成数据操作。

(4) 难点:本章的难点在于关系代数。由于关系代数较为抽象,因此在学习过程中一定要结合具体事例进行练习。同时,要注意把握由具体语言转换到抽象语言的原理,即通过具体语言(如 ALPHA 和 QBE)的学习过渡到对于抽象关系演算的把握。

2.2　习题与解答

1. 试述关系模型的三个组成部分。

答:关系模型由关系数据结构、关系操作集合和关系完整性约束三部分组成。

2. 试述关系数据语言的特点和分类。

答:关系数据语言可以分为三类:

(1) 关系代数语言,例如 ISBL。

(2) 关系演算语言:元组关系演算语言,例如 ALPHA 和 QUEL;域关系演算语言,例如 QBE。

(3) 具有关系代数和关系演算双重特点的语言,例如 SQL。

这些关系数据语言的共同特点:操作语言;功能强大;能够嵌入高级语言中使用。

3. 定义并理解下列术语,说明它们之间的联系与区别:

(1) 域、笛卡儿积、关系、元组、属性。

(2) 主码、候选码、外部码。

(3) 关系模式、关系、关系数据库。

答:(1)

域:域是一组具有相同数据类型的值的集合。

笛卡儿积:给定一组域 $D_1,D_2,\cdots,D_n$,这些域可以是相同的。这组域的笛卡儿积为

$$D_1 \times D_2 \times \cdots \times D_n = \{(d_1,d_2,\cdots,d_n), \quad d_i \in D_i, i = 1,2,\cdots,n\}$$

其中:每一个元素$(d_1,d_2,\cdots,d_n)$叫作一个 n 元组(n-tuple)或简称元组(Tuple);元素中的每一个值 d_i 叫作一分量(Component)。

关系:在域 $D_1,D_2,\cdots,D_n$ 上,笛卡儿积 $D_1 \times D_2 \times \cdots \times D_n$ 的子集称为关系,表示为

$$R(D_1,D_2,\cdots,D_n)$$

元组:表中的一行数据总称为一个元组。

属性:关系也是一个二维表,表的每行对应一个元组,表的每列对应一个域。由于域可以相同,为了区分,必须给每列起一个名字,称为属性(Attribute)。

(2)

候选码:若关系中的某一属性组的值能唯一地标识一个元组,则称该属性组为候选码(Candidate Key)。

主码:若一个关系有多个候选码,则选定其中一个作为主码(Primary Key)。

外部码:设 F 是基本关系 R 的一个或一组属性,但不是关系 R 的码,如果 F 与基本关系 S 的主码 K_S 相对应,则称 F 是基本关系 R 的外部码(Foreign Key),简称外码。

基本关系 R 称为参照关系(Referencing Relation),基本关系 S 称为被参照关系(Referenced Relation)或目标关系(Target Relation)。关系 R 和 S 可以是相同的关系。

(3)

关系模式:关系的描述称为关系模式(Relation Schema),它可以形式化定义为

$$R(U,D,\mathrm{dom},F)$$

其中:R 为关系名,U 为组成该关系的属性名集合,D 为属性组 U 中属性所来自的域,dom 为属性向域的映像集合,F 为属性间数据的依赖关系集合。

关系:在域 $D_1,D_2,\cdots,D_n$ 上,笛卡儿积 $D_1 \times D_2 \times \cdots \times D_n$ 的子集称为关系,表示为

$$R(D_1,D_2,\cdots,D_n)$$

关系是关系模式在某一时刻的状态或内容。关系模式是静态的、稳定的;而关系是动态的,是随时间不断变化的,因为关系操作在不断更新着数据库中的数据。

关系数据库:关系数据库也有型和值之分。关系数据库的型也称为关系数据库模式,是对关系数据库的描述,它包括若干域的定义以及在这些域上定义的若干关系

模式。关系数据库的值是这些关系模式在某一时刻对应的关系的集合,通常就称为关系数据库。

4. 试述关系模型的完整性规则。在参照完整性中,为什么外部码属性的值也可以为空? 什么情况下才可以为空?

答:关系模型的完整性规则是对关系的某种约束条件。关系模型中可以有三类完整性约束:实体完整性、参照完整性和用户定义的完整性。其中实体完整性和参照完整性是关系模型必须满足的完整性约束条件,被称作是关系的两个不变性,应该由关系系统自动支持。

(1) 实体完整性规则:若属性 A 是基本关系 R 的主属性,则属性 A 不能取空值。

(2) 参照完整性规则:若属性(或属性组)F 是基本关系 R 的外码,它与基本关系 S 的主码 K_S 相对应(基本关系 R 和 S 不一定是不同的关系),则对于 R 中每个元组在 F 上的值必须满足:

① 或者取空值(F 的每个属性值均为空值)。

② 或者等于 S 中某个元组的主码值。

③ 用户定义的完整性是针对某一具体关系数据库的约束条件。它反映某一具体应用所涉及的数据必须满足的语义要求。

在参照完整性中,外部码属性的值可以为空,它表示该属性的值尚未确定,但前提条件是该外部码属性不是其所在关系的主属性。

例如:在下面的"学生"表中,"专业号"是一个外部码,不是学生表的主属性,可以为空,其语义是该学生的专业尚未确定。

学生(<u>学号</u>,姓名,性别,专业号,年龄)

专业(<u>专业号</u>,专业名)

下面的"选修"表中的"课程号"虽然也是一个外部码属性,但它又是"课程"表的主属性,所以不能为空,因为关系模型必须满足实体完整。

课程(<u>课程号</u>,课程名,学分)

选修(<u>学号,课程号</u>,成绩)

5. 已知关系 R、S 和 T,其关系结构如表 2-2-1~表 2-2-3 所列,求关系代数 $R \cap S$、$R-S$、$R \cup S$ 和 $R \bowtie T$ 的运算结果。

表 2-2-1　关系 R 的关系结构

编　号	姓　名	院系号
9801	李一	01
9802	王一	02
9803	张一	03

表 2-2-2　关系 S 的关系结构

编　号	姓　名	院系号
9802	王一	03
9804	刘四	02
9803	张一	02

表 2-2-3　关系 T 的关系结构

院系号	院系名
01	计算机系
02	信息系
03	管理系

答:$R \cap S$、$R-S$、$R \cup S$ 和 $R \bowtie T$ 的运算结果如表2-2-4~表2-2-7所列。

表2-2-4 $R \cap S$ 运算结果

编 号	姓 名	院系号
9802	王一	03
9803	张一	02

表2-2-5 $R-S$ 运算结果

编 号	姓 名	院系号
9801	李一	01

表2-2-6 $R \cup S$ 运算结果

编 号	姓 名	院系号
9801	李一	01
9802	王一	03
9803	张一	02
9804	刘四	02

表2-2-7 $R \bowtie T$ 运算结果

编 号	姓 名	院系号	院系名
9801	李一	01	计算机系
9802	王一	03	管理系
9803	张一	02	信息系

6. 设有一个数据库,包括 S、P、J、SPJ 四个关系模式:

S(SNO, SNAME, STATUS, CITY)

P(PNO, PNAME, COLOR, WEIGHT)

J(JNO, JNAME, CITY)

SPJ(SNO, PNO, JNO, CITY)

供应商表 S 由供应商代码(SNO)、供应商姓名(SNAME)、供应商状态(STATUS)、供应商所在城市(CITY)组成。

零件表 P 由零件代码(PNO)、零件名(PNAME)、颜色(COLOR)、重量(WEIGHT)组成。

工程项目表 J 由工程项目代码(SNO)、工程项目名(JNAME)、工程项目所在城市(CITY)组成。

供应情况表 SPJ 由供应商代码(SNO)、零件代码(PNO)、工程项目代码(JNO)、供应数量(QTY)组成,表示某供应商供应某零件给某工程项目的数量为 QTY。

现有若干数据如表2-2-8~表2-2-11所列。

表2-2-8 S 表

SNO	SNAME	STATUS	CITY
S_1	精益	20	天津
S_2	盛锡	10	北京
S_3	东方红	30	北京
S_4	丰泰盛	20	天津
S_5	为民	30	上海

表 2 - 2 - 9 *P* 表

PNO	PNAME	COLOR	WEIGHT
P_1	螺母	红	12
P_2	螺栓	绿	17
P_3	螺丝刀	蓝	14
P_4	螺丝刀	红	14
P_5	凸轮	蓝	40
P_6	齿轮	红	30

表 2 - 2 - 10 *J* 表

JNO	JNAME	CITY
J_1	三建	北京
J_2	一汽	长春
J_3	弹簧厂	天津
J_4	造船厂	天津
J_5	机车厂	唐山
J_6	无线电厂	常州
J_7	半导体厂	南京

表 2 - 2 - 11 *SPJ* 表

SNO	PNO	JNO	QTY	SNO	PNO	JNO	QTY
S_1	P_1	J_1	200	S_3	P_1	J_1	200
S_1	P_1	J_3	100	S_3	P_3	J_1	200
S_1	P_1	J_4	700	S_4	P_5	J_1	100
S_1	P_2	J_2	100	S_4	P_6	J_3	300
S_2	P_3	J_1	400	S_4	P_6	J_4	200
S_2	P_3	J_2	200	S_5	P_2	J_4	100
S_2	P_3	J_4	500	S_5	P_3	J_1	200
S_2	P_3	J_5	400	S_5	P_6	J_2	200
S_2	P_5	J_1	400	S_5	P_6	J_4	500
S_2	P_5	J_2	100				

试用关系代数语言完成下列操作：

(1) 求供应工程 J_1 零件的供应商号 SNO。

(2) 求供应工程 J_1 零件 P_1 的供应商号 SNO。

(3) 求供应工程 J_1 红色零件的供应商号 SNO。

(4) 求没有使用天津供应商生产的红色零件的工程号 JNO。

(5) 求至少使用了 S_1 供应商所供应的全部零件的工程号 JNO。

答：

(1) $\pi_{\text{SNO}}(\sigma_{\text{JNO}='\text{J1}'}(SPJ))$

(2) $\pi_{\text{SNO}}(\sigma_{\text{JNO}='\text{J1}' \wedge \text{PNO}='\text{P1}'}(SPJ))$

(3) $\pi_{\text{SNO}}(\pi_{\text{SNO,PNO}}(\sigma_{\text{JNO}='\text{J1}'}(SPJ)) \infty (\pi_{\text{PNO}}(\sigma_{\text{COLOR}='\text{红}'}(P))))$

(4) $\pi_{\text{JNO}}(J) - \pi_{\text{JNO}}(\pi_{\text{SNO}}(\sigma_{\text{CITY}='\text{天津}'}(S)) \infty \pi_{\text{SNO,PNO,JNO}}(SPJ) \infty \pi_{\text{PNO}}(\sigma_{\text{COLOR}=}$

'红'$(P)))$

(5) $\pi_{\text{JNO,PNO}}(SPJ) \div \pi_{\text{PNO}}(\sigma_{\text{SNO}='S1'}(SPJ))$

7. 试述等值连接与自然连接的区别和联系。

答: 连接运算中有两种最为重要也最为常用的连接,一种是等值连接(Equi-Join),另一种是自然连接(Natural Join)。

θ 为"="的连接运算,称为等值连接。它是从关系 R 与 S 的笛卡儿积中选取 A、B 属性值相等的那些元组,即等值连接为

$$R \underset{A=B}{\bowtie} S = \{t_r t_s \mid t_r \in R \wedge t_s \in S \wedge t_r[A] = t_s[B]\}$$

自然连接(Natural Join)是一种特殊的等值连接,它要求两个关系中进行比较的分量必须是相同的属性组,并且在结果中把重复的属性列去掉,即若 R 和 S 具有相同的属性组 B,则自然连接可记为

$$R \bowtie S = \{t_r t_s \mid t_r \in R \wedge t_s \in S \wedge t_r[A] = t_s[B]\}$$

8. 关系代数的基本运算有哪些?如何用这些基本运算来表示其他运算?

答: 在 8 种关系代数的基本运算中,并、差、笛卡儿积、投影和选择 5 种运算为基本的运算。其他 3 种运算,即交、连接和除,均可以用 5 种基本运算来表达。

交运算:$R \cap S = R - (R - S)$

连接运算:$R \underset{A=B}{\bowtie} S = \delta_{A=B}(R \times S)$

除运算:$R(X,Y) \div S(Y,Z) = \pi_X(R) - \pi_X(\pi_X(R) \times \pi_Y(S) - R)$

其中:X、Y、Z 为属性组,R 中的 Y 和 S 中的 Y 可以有不同的属性名,但必须出自相同的域集。

第3章 关系数据库标准语言SQL

3.1 知识框架与学习要求

本章是重点中的重点,这是因为关系数据库系统的主要功能就是通过SQL来实现的。

(1)需要了解的:了解SQL语言的发展过程,从而进一步了解关系数据库技术和RDBMS产品的发展过程。

(2)需要理解并牢固掌握的:掌握SQL的特点,掌握SQL与非关系模型(层次模型、网状模型)数据语言的不同,从而体会SQL之所以被用户和业界所接受,并成为国际标准的原因。理解面向过程的语言和SQL的区别以及各自的优点。体会关系数据库系统为应用系统的开发提供了良好的环境,减轻了用户的负担,提高了用户工作效率的原因。

(3)需要设计与创新的:正确、熟练地使用SQL完成对数据库的查询、插入、删除、更新操作,特别是设计各种各样的查询语句,掌握SQL强大的查询功能。

在完成具体的SQL语句时,希望读者能有意识地和关系代数、关系演算等语言进行比较,了解它们各自的特点与创新之处。

(4)难点:本章的难点在于用SQL正确地完成复杂的查询。因此在学习过程中一定要多练习,要在某个RDBMS产品上实际运行,并检查自己的查询结果是否正确。只有通过大量的练习才能达到举一反三的效果。

3.2 习题与解答

1. 试述SQL语言的特点。

答:

(1)综合统一。SQL语言集数据定义语言DDL、数据操纵语言DML、数据控制语言DCL的功能于一体。

(2)高度非过程化。用SQL语言进行数据操作,只要提出"做什么",而无需指明"怎么做",因此无需了解存取路径,存取路径的选择以及SQL语句的操作过程由系统自动完成。

(3)面向集合的操作方式。SQL语言采用集合操作方式,不仅操作对象、查找结果可以是元组的集合,而且一次插入、删除、更新操作的对象也可以是元组的集合。

(4) 以同一种语法结构提供两种使用方式。SQL 语言既是自含式语言,又是嵌入式语言。作为自含式语言,它能独立地用于联机交互的使用方式;作为嵌入式语言,它能够嵌入到高级语言程序中,供程序员设计程序时使用。

(5) 语言简捷,易学易用。

2. 试述 SQL 的数据定义功能。

答:SQL 的数据定义功能包括定义表、定义视图和定义索引。

SQL 语言使用 CREATE TABLE 语句建立基本表,使用 ALTER TABLE 语句修改基本表定义,使用 DROP TABLE 语句删除基本表;使用 CREATE INDEX 语句建立索引,使用 DROP INDEX 语句删除索引;使用 CREATE VIEW 语句建立视图,使用 DROP VIEW 语句删除视图。

3. 用 SQL 语句建立第 2 章习题 6 中的 4 个表。

答:对于 S 表有:S(SNO,SNAME,STATUS,CITY);
建 S 表:

```
CREATE TABLE S
(SNO CHAR(3),
SNAME CHAR(10),
STATUS CHAR(2),
CITY CHAR(10));
```

对于 P 表有:P(PNO,PNAME,COLOR,WEIGHT);
建 P 表:

```
CREATE TABLE P
(PNO CHAR(3),
PNAME CHAR(10),
COLOR CHAR(4),
WEIGHT INT);
```

对于 J 表有:J(JNO,JNAME,CITY);
建 J 表:

```
CREATE TABLE J
(JNO CHAR(3),
JNAME CHAR(10),
CITY CHAR(10));
```

对于 SPJ 表有:SPJ(SNO,PNO,JNO,QTY);
建 SPJ 表:

```
CREATE TABLE SPJ
(SNO CHAR(3),
PNO CHAR(3),
```

```
JNO CHAR(3),
QTY INT);
```

4. 针对上题中建立的 4 个表，试用 SQL 语言完成第 2 章习题 6 中的查询。

答：读者可以对比 SQL 语言、关系代数、ALPHA 语言、QBE 语言，体会各种语言的优点。

（1）求供应工程 J_1 零件的供应商号码 SNO：

```
SELECT SNO
FROM SPJ
WHERE JNO = 'J1'
```

（2）求供应工程 J_1 零件 P_1 的供应商号码 SNO：

```
SELECT SNO
FROM SPJ
WHERE JNO = 'J1' AND PNO = 'P1'
```

（3）求供应工程 J_1 零件为红色的供应商号码 SNO：

```
SELECT SNO                /*这是嵌套查询*/
FROM SPJ
WHERE JNO = 'J1'
AND PNO IN               /*找出红色零件的零件号码 PNO*/
(SELECT PNO
FROM P                   /*从 P 表中找*/
WHERE COLOR = '红')
SELECT SNO
FROM SPJ,P               /*这是两表连接查询*/
WHERE JNO = 'J1'         /*这是复合条件连接查询*/
AND SPJ.PNO = P.PNO
AND COLOR = '红'
```

5. 针对第 2 章习题 6 中的 4 个表，试用 SQL 语言完成下列各项操作：

（1）找出所有供应商的姓名和所在城市。

（2）找出所有零件名称、颜色、重量。

（3）找出使用供应商 S_1 所供应零件的工程号码。

（4）找出工程项目 J_2 使用的各种零件的名称及其数量。

（5）找出上海厂商供应的所有零件号码。

（6）找出使用上海生产的零件的工程名称。

（7）找出没有使用天津生产的零件的工程号码。

（8）把全部红色零件的颜色改成蓝色。

(9) 由 S_5 供给 J_4 的零件 P_6 改为由 S_3 供应,请做必要的修改。

(10) 从供应商关系中删除 S_2 的记录,并从供应情况关系中删除相应的记录。

答:

(1) 找出所有供应商的姓名和所在城市:

```
SELECT SNAME,CITY
FROM S;
```

(2) 找出所有零件名称、颜色、重量:

```
SELECT PNAME, COLOR, WEIGHT
FROM P;
```

(3) 找出使用供应商 S_1 所供应零件的工程号码:

```
SELECT JNO
FROM SPJ
WHERE SNO = 'S1'
```

(4) 找出工程项目 J_2 使用的各种零件的名称及其数量。

```
SELECT P.PNAME,SPJ.QTY
FROM P,SPJ
WHERE P.PNO = SPJ.PNO
AND SPJ.JNO = 'J2'
```

(5) 找出上海厂商供应的所有零件号码:

```
SELECT DISTINCT PNO
FROM SPJ
WHERE SNO IN
(SELECT SNO
FROM S
WHERE CITY = '上海')
```

(6) 找出使用上海生产的零件的工程名称:

```
SELECT JNAME
FROM J,SPJ,S
WHERE J.JNO = SPJ.JNO
AND SPJ.SNO = S.SNO
AND S.CITY = '上海'
```

或

```
SELECT JNAME
FROM J
WHERE JNO IN
```

```
(SELECT JNO
FROM SPJ,S
WHERE SPJ.SNO = S.SNO
AND S.CITY = '上海')
```

（7）找出没有使用天津生产的零件的工程号码：

```
SELECT JNO
FROM J
WHERE NOT EXISTS
(SELECT *
FROM SPJ
WHERE SPJ.JNO = J.JNO
AND SNO IN
(SELECT SNO
FROM S
WHERE CITY = '天津'))
```

或

```
SELECT JNO
FROM J
WHERE NOT EXISTS
(SELECT *
FROM SPJ,S
WHERE SPJ.JNO = J.JNO
AND SPJ.SNO = S.SNO
AND S.CITY = '天津')
```

（8）把全部红色零件的颜色改成蓝色：

```
UPDATE P
SET COLOR = '蓝'
WHERE COLOR = '红'
```

（9）由 S_5 供给 J_4 的零件 P_6 改为由 S_3 供应，请做必要的修改：

```
UPDATE SPJ
SET SNO = 'S3'
WHERE SNO = 'S5'
AND JNO = 'J4'
AND PNO = 'P6'
```

（10）从供应商关系中删除 S_2 的记录，并从供应情况关系中删除相应的记录：

```
DELETE
FROM SPJ
```

```
WHERE SNO = 'S2'
DELETE
FROM S
WHERE SNO = 'S2'
```

6. 设有工资表 GZ、部门表 DM(如表 2-3-1 和表 2-3-2 所列),请用 SQL 语言编写程序计算出每人的实发工资,并将该单位的各部门各项工资合计和不分部门各项工资总合计存放于另一个表 SGZ(见表 2-3-3)中。

表 2-3-1   工资表 GZ

部门号	职工编号	姓　名	工　资	补　贴	其　他	实发工资
02	01	A				
01	02	B				
…	…					
02	02					

表 2-3-2   部门表 DM

部门号	部门名
01	A 部门
02	B 部门
…	

表 2-3-3   表 SGZ

部门号	部门名	工　资	补　贴	其　他	实发工资
01					
02					
…					
总合计					

答: SQL 语句如下:

```
UPDATE GZ SET 实发工资 = 工资 + 补贴 + 其他
SELECT GZ.部门号,DM.部门名,SUM(工资) AS 工资,SUM(补贴) AS 补贴
SUM(其他) AS 其他,SUM(实发工资) AS 实发工资
FROM GZ,DM
WHERE GZ.部门号 = DM.部门号
GROUP BY GZ.部门号
```

UNION

SELECT "总合计"，"　　"，SUM(工资)，SUM(补贴)，SUM(其他)，SUM(实发工资)

FROM GZ

ORDER BY 1 DESC

ITNO TABLE SGZ

7. 设在图书应用系统中有三个基本表，表结构分别为：

BORROWER(借书证号，姓名，系名，班级)

BOOKS(索书号，书名，作者，图书馆登记号，出版社，价格)

LOANS(借书证号，图书馆登记号，借书日期)

请用 SQL 语句完成下列两个查询：

(1) 检索借了至少 5 本书的同学的借书证号、姓名、系名和借书数量。

(2) 检索所借图书与王丽同学所借图书中的任意一本相同的学生姓名、系名、书名和借书日期。

答：

(1)

SELECT LOANS.借书证号，姓名，系名，COUNT（＊）AS 借书数量

FROM BORROWER，LOANS

WHERE BORROWER.借书证号 = LOANS.借书证号

GROUP BY LOANS.借书证号 HAVING COUNT（＊）＞5；

(2)

SELECT 姓名，系名，书名，借书日期

FROM BORROWER，LOANS，BOOKS

WHERE BORROWER.借书证号 = LOANS.借书证号 AND LOANS.图书馆登记号 = BOOKS.图书馆登记号

AND 索书号 IN（SELECT 索书号 FROM BORROWER，LOANS，BOOKS

　　　　　　WHERE BORROWER.借书证号 = LOANS.借书证号

　　　　　　AND LOANS.图书馆登记号 = BOOKS.图书馆登记号

　　　　　　AND 姓名 ="王丽"）；

第4章 数据库的安全性

4.1 知识框架与学习要求

数据库的安全性是和计算机系统的安全性紧密相连的,计算机系统的安全性问题可分为技术安全性、管理安全性和政策法律这三大类安全性问题。这里讨论的数据库安全性是指数据库技术安全类问题,即探讨如何从技术上保证数据库系统的安全性。

(1) 需要了解的:计算机系统的安全性问题,数据库的安全性问题,以及两者之间的关系;数据加密、数据库审计等技术手段。

(2) 需要理解并掌握的:计算机系统安全标准的主要内容;C2 级 DBMS、B1 级 DBMS 的主要特征;实现数据库安全性控制的常用方法和技术;数据库的自主存取控制方法和强制存取控制方法;视图机制的作用及其优越性。

(3) 需要结合实例设计与创新的:使用 SQL 中的 GRANT 语句和 REVOKE 语句来实现自主存取控制;视图的建立与查询。

(4) 难点:正确理解和掌握存取规则,以及视图的建立与查询。

4.2 习题与解答

1. 什么是数据库的安全性?

答:数据库的安全性是指保护数据库以防止不合法的使用造成的数据泄露、更改或破坏。

2. 数据库的安全性和计算机系统的安全性有什么关系?

答:安全性问题不是数据库系统所独有的问题,所有计算机系统都有这个问题。只是在数据库系统中大量数据集中存放,而且为许多最终用户直接共享,从而使安全性问题更为突出。

系统安全保护措施是否有效是数据库系统的主要指标之一。

数据库的安全性和计算机系统的安全性,包括操作系统和网络系统的安全性内容。

3. 试述实现数据库安全性控制的常用方法和技术。

答:实现数据库安全性控制的常用方法和技术有:

(1) 用户标识和鉴别:该方法由系统提供一定的方式让用户标识自己的名字或

身份。每次用户要求进入系统时,由系统进行核对,通过鉴定后才提供系统的使用权。

(2) 存取控制:通过用户权限定义和合法权检查确保只有合法权限的用户访问数据库,所有未被授权的人员无法存取数据。例如:C2 级中的自主存取控制(DAC),B1 级中的强制存取控制。

(3) 视图机制:为不同的用户定义视图,通过视图机制把要保密的数据对无权存取的用户隐藏起来,从而自动对数据提供一定程度的安全保护。

(4) 审计:建立审计日志,把用户对数据库的所有操作自动记录在审计日志中,DBA 可以利用审计跟踪的信息,重现导致数据库现有状况的一系列事件,找出非法存取数据的人、时间和内容等。

(5) 数据加密:对存储和传输的数据进行加密处理,从而使得不知道解密算法的人无法知晓数据的内容。

4. 什么是数据库中的自主存取控制方法和强制存取控制方法?

答:自主存取控制的方法:定义各个用户对不同数据对象的存取权限。当用户对数据库访问时首先检查用户的存取权限,防止不合法用户对数据库的存取。

强制存取控制方法:每一个数据对象被(强制地)标以一定的密级,每一个用户也被(强制地)授予某一个级别的许可证,系统规定只有某一许可证级别的用户才能存取某一个密级的数据对象。

5. SQL 语言中提供了哪些数据控制(自主存取控制)的语句? 请试举几例说明它们的使用方法。

答:SQL 中的自主存取控制是通过 GRANT 语句和 REVOKE 语句来实现的:

```
GRANT SELECT, INSERT ON Student
TO 王平
WITH GRANT OPTION;
```

将 Student 表的 SELECT 和 INSERT 权限授予了用户王平,后面的 WITH GRANT OPTION 语句表示用户王平同时也获得了"授权"的权限,即可以把得到的权限继续授予其他的用户:

```
REVOKE INSERT ON Student FROM 王平 CASCADE;
```

将 Student 表的 INSERT 权限从用户王平处收回,选项 CASCADE 表示:如果用户王平将 Student 的 INSERT 权限又转授给了其他的用户,那么这些权限也将从其他用户处收回。

6. 什么是基本表? 什么是视图? 二者的区别和联系是什么?

答:基本表是本身独立存在的表,在 SQL 中一个关系就对应一个表。

视图是从一个或几个基本表导出的表。视图本身不独立存储在数据库中,是一个虚表。即数据库中只存放视图的定义而不存放视图对应的数据,这些数据仍存放在导出视图的基本表中。视图在概念上与基本表等同,用户可以像基本表那样使用视图,可以在视图上再定义视图。

二者的区别如下:

(1) 视图是已经编译好的 SQL 语句,而表不是。

(2) 视图没有实际的物理记录,而表有。

(3) 表是内容,视图是窗口。

(4) 表只用物理空间而视图不占用物理空间,视图只是逻辑概念的存在,表可以及时对它进行修改,但视图只能由创建的语句来修改。

(5) 表是内模式,视图是外模式。

(6) 视图是查看数据表的一种方法,可以查询数据表中某些属性构成的数据,只是一些 SQL 语句的集合。从安全的角度来说,视图可以不给用户接触数据表,从而不知道表结构。

(7) 表属于全局模式中的表,是实表;视图属于局部模式的表,是虚表。

(8) 视图的建立和删除只影响视图本身,不影响对应的基本表。

二者的联系如下:

视图(View)是在基本表之上建立的表,它的结构(即所定义的列)和内容(即所有数据行)都来自基本表,它依据基本表存在而存在。一个视图可以对应一个基本表,也可以对应多个基本表。视图是基本表的抽象和在逻辑意义上建立的新关系。

7. 试述视图的优点。

答:

(1) 视图能够简化用户的操作。

(2) 视图使用户能以多种角度看待同一数据。

(3) 视图对重构数据库提供了一定程度的逻辑独立性。

(4) 视图能够对机密数据提供安全保护。

8. 是否所有的视图都可以更新? 为什么?

答:不是。视图是不实际存储数据的虚表,因此对视图的更新最终将转换为对基本表的更新。因为有些视图的更新不能唯一有意义地转换成对相应基本表的更新,所以并不是所有的视图都是可更新的。例如:视图 S_G(学生的学号及他的平均成绩)

```
CREAT VIEW S_G(Sno,Gavg)
AS SELECT Sno,AVG(Grade)/ * 设 SC 表中"成绩"列 Grade 为数字型 * /
FROM SC
GROUP BY Sno;
```

要修改平均成绩,就必须修改各科成绩,而我们无法知道哪些课程成绩的变化导致了平均成绩的变化。

9. 今有两个关系模式:

职工(职工号,姓名,年龄,职务,工资,部门号)

部门(部门号,名称,经理名,地址,电话号)

请用 SQL 的 GRANT 和 REVOKE 语句(加上视图机制)完成以下授权定义或存取控制功能:

(1) 用户王明对两个表有 SELECT 权力。

(2) 用户李勇对两个表有 INSERT 和 DELETE 权力。

(3) 每个职工只对自己的记录有 SELECT 权力。

(4) 用户刘星对职工表有 SELECT 权力,对工资属性具有更新权力。

(5) 用户张新具有修改这两个表的结构的权力。

(6) 用户周平具有对两个表的所有权力(读、插、改、删数据),并具有给其他用户授权的权力。

(7) 用户杨兰具有从每个部门职工中 SELECT 最高工资、最低工资、平均工资的权力,但她不能查看每个人的工资。

答:

(1)

GRANT　SELECT ON 职工,部门

TO　王明;

(2)

GRANT INSERT ,DELETE ON 职工,部门

TO　李勇;

(3)

GRANT SELECT ON 职工

WHEN　USER( ) = NAME

TO　ALL;

这里假定用户将自己的名字作为 ID,且系统的 GRANT 语句支持 WHEN 和子句,系统也支持 USER( )使用。

(4)

GRANT SELECT,UPDATE(工资)ON 职工

TO　刘星;

(5)

GRANT ALTER TABLE ON 职工,部门

TO　张新;

(6)

GRANT ALL PRIVILIGES ON 职工,部门

TO 周平

WITH GRANT OPTION；

（7）这里需要建立一个视图：

CREATE VIEW 部门工资 AS

SELECT 部门．名称,MAX(工资),MIN(工资),AVG(工资)

FROM 职工,部门

WHERE 职工．部门号＝部门．部门号

GROUP BY 职工．部门号；

GRANT SELECT ON 部门工资

TO 杨兰；

10．针对习题 9 中(1)～(7)的每一种情况,撤销各用户所授予的权力。

答：

（1）

REVOKE SELECT ON 职工,部门

FROM 王明；

（2）

REVOKE INSERT ,DELETE ON 职工,部门

FROM 李勇；

（3）

REVOKE SELECT ON 职工

WITH USER( ) = NAME

FROM ALL；

这里假定用户将自己的名字作为 ID,且系统的 REVOKE 语句支持 WHEN 子句,系统也支持 USER()使用。

（4）

REVOKE ALTER TABLE ON 职工

FROM 刘星；

（5）

REVOKE ALTER TABLE ON 职工,部门

FROM 张新；

（6）

REVOKE ALL PRIVILIGES ON 职工,部门

FROM 周平；

（7）

```
REVOKE SELECT ON 部门工资
FROM    杨兰
DROP VIEW 部门工资；
```

11. 为什么强制存取控制能提供更高级别的数据库安全性？

答：强制存取控制是对数据本身进行密级标记，无论数据如何复制，标记与数据都是一个不可分的整体，只有符合密级标记要求的用户才可以操作数据，从而具有了更高级别的安全性。

12. 设在图书应用系统中有三个基本表，表结构分别如下：

BORROWER（借书证号，姓名，系名，班级）

BOOKS（索书号，书名，作者，图书馆登记号，出版社，价格）

LOANS（借书证号，图书馆登记号，借书日期）

请用 SQL 语句建立信息系学生借书的视图 SSP。该视图的属性列由借书证号、姓名、班级、图书馆登记号、书名、出版社和借书日期组成。

答：

```
CREAT VIEW SSP AS
SELECT BORROWER.借书证号,姓名,班级,LOANS.图书馆登记号,书名,出版社,借书日期
FROM BORROWER,LOANS,BOOKS
WHERE BORROWER.借书证号 = LOANS.借书证号
AND LOANS.图书馆登记号 = BOOKS.图书馆登记号 AND 系名 = "信息系";
```

第5章 数据库的完整性

5.1 知识框架与学习要求

为了维护数据库的完整性，DBMS 必须提供一种机制来检查数据库中的数据，看它们是否满足完整性约束条件。完整性约束条件是完整控制机制的核心，数据库的完整性约束条件主要分为三类：实体完整性、参照完整性和用户定义的完整性。在关系系统中，最重要的完整性约束是实体完整性和参照完整性，其他完整性约束条件则可以归入用户定义的完整性。

（1）需要了解的：了解什么是数据库的完整性约束条件；了解完整性约束条件的分类；了解数据库完整性概念与数据库安全性概念之间的区别和联系。

（2）需要理解并掌握的：DBMS 完整性控制机制的三个方面，即完整性约束条件的定义、完整性约束条件的检查及违约反应，以及存储过程的定义与作用。

（3）需要设计与创新的：用 SQL 定义关系模式的完整性约束条件，包括定义每个模式的主码，定义参照完整性，定义与应用有关的完整性；存储过程的建立与使用。

（4）难点：RDBMS 如何实现参照完整性的策略，即当操作违反实体完整性、参照完整性和用户定义的完整性约束条件时，RDBMS 应如何处理才能确保数据的正确性与有效性。其中，比较复杂的是参照完整性的实现机制。

5.2 习题与解答

1. 什么是数据库的完整性？

答：数据库的完整性是指数据库的正确性和兼容性。

2. 数据库的完整性概念与数据库的安全性概念有什么区别与联系？

答：数据的完整性和安全性是两个不同的概念，但是有一定的联系。

前者是为了防止数据库中存在不符合语义的数据，防止错误信息的输入和输出，即所谓垃圾进/垃圾出所造成的无效操作和错误结果。

后者是保护数据库，防止恶意破坏和非法存取。

也就是说，安全性措施的防范对象是非法用户和非法操作，完整性措施的防范对象是不合语义的数据。

3. 什么是数据库的完整性约束条件？可分为哪几类？

答：完整性约束条件是指数据库中的数据应该满足的语义约束条件。一般可以分为六类:静态列级约束、静态元组约束、静态关系约束、动态列级约束、动态元组约束、动态关系约束。

静态列级约束是对一个列的取值域的说明,包括以下几个方面:

(1) 对数据类型的约束,包括数据的类型、长度、单位、精度等。

(2) 对数据格式的约束。

(3) 对取值范围或取值集合的约束。

(4) 对空值的约束。

(5) 其他约束。

静态元组约束就是规定组成一个元组的各个列之间的约束关系,静态元组约束只局限在单个元组上。

静态关系约束是在一个关系的各个元组之间或者若干关系之间常常存在各种联系或约束。常见的静态关系约束有实体完整性约束、参照完整性约束、函数依赖约束。

动态列级约束是修改列定义或列值时应满足的约束条件,包括两个方面:修改列定义时的约束、修改列值时的约束。

动态元组约束是指修改某个元组的值时需要参照其旧值,并且新值与旧值之间需要满足某种约束条件。

动态关系约束是加在关系变化前、后状态上的限制条件,例如事务一致性、原子性等约束条件。

4. DBMS 的完整性机制应具有哪些功能?

答:DBMS 的完整性控制机制应具有三个方面的功能:

(1) 定义功能,即提供定义完整性约束条件的机制。

(2) 检查功能,即检查用户发出的操作请求是否违背了完整性约束条件。

(3) 违约反应:如果发现用户的操作请求使数据违背了完整性约束条件,则采取一定的动作来保证数据的完整性。

5. RDBMS 在实现参照完整性时需要考虑哪些方面?

答:RDBMS 在实现参照完整性时需要考虑以下几个方面:

(1) 外码是否可以接受空值。

(2) 删除被参照关系的元组时的考虑,这时考虑可能采取的做法有三种:级联删除(CASCADES)、受限删除(RESTRICTED)、置空值删除(NULLIFIES)。

(3) 参照关系中插入元组时的问题,这时系统可能采取的做法有:受限插入、递归插入。

(4) 修改关系中主码的问题。一般是不能用 UPDATE 语句修改关系主码的。如果需要修改主码值,则只能先删除该元组,然后再把具有新主码值的元组插入到关系中。如果允许修改主码,首先要保证主码的唯一性和非空,否则将拒绝修改;然后要区分是参照关系还是被参照关系。

6. 假设有两个关系模式:

职工(职工号,姓名,年龄,职务,工资,部门号),其中职工号为主码;

部门(部门号,名称,经理名,地址,电话号),其中部门号为主码。

用 SQL 语言定义这两个关系模式,要求在模式中完成以下完整性约束条件的定义:定义每个模式的主码;定义参照完整性;定义职工年龄不得超过 60 岁。

答:

```
CREATE TABLE DEPT
( Deptno     NUMBER(10),
  Deptname VARCHAR(10),
Manager   VARCHAR(10),
PhoneNumber CHAR(12),
CONSTRAINT PK_SC PRIMARY KEY (Deptno));
CREATE TABLE EMP
( Empno      NUMBER(4),
  Ename      VARCHAR(10),
  Age        NUMBER(2),
  CONSTRAINT C1 CHECK (Age< = 60),
  Job        VARCHAR(9),
  Sal        NUMBER(7,2),
  Deptno     NUMBER(2),
  CONSTRAINT  FK_DEPTNO
       FOREIGN  KEY(Deptno)
REFERENCES  DEPT(Deptno));
```

7. 设有教师表(教师号,姓名,所在部门号,职称)和部门表(部门号,部门名,高级职称人数)。请编写满足下列要求的后触发型触发器:触发器名字为 tri_zc;当在教师表中插入一名具有高级职称("教授"或"副教授")的教师时,或者将非高级职称教师的职称更改为高级职称时,均修改部门表中相应部门的高级职称人数。(假设一次操作只插入或更改一名教师的职称)

答:

```
CREATE TRIGGERtri_zc
ON 教师表
AFTER INSERT,UPDATE
AS
BEGIN
DECLATE@zc varchar(10),@dept varchar(30)
SELECT @dept = 所在部门号,@zc = 职称 FROM inserted
IF @zc = ' 教授 ' or 副教授 '
UPDATE 部门表
SET 高级职称人数 = 高级职称人数 + 1
WHERE 部门号 = @dept
END
```

第6章　关系数据库理论

6.1　知识框架与学习要求

本章讲解关系数据库理论,这部分内容的理论性较强。其中函数依赖的概念包括完全函数依赖、部分函数依赖和传递函数依赖,是规范化理论的依据和规范化程度的准则。规范化就是对原关系进行投影,消除决定属性不是候选键的任何函数依赖。

一个关系只要其分量都是不可分的数据项,就可称作规范化的关系,也称作1NF。消除1NF关系中非主属性对码的部分函数依赖,得到2NF;消除2NF关系中非主属性对码的传递函数依赖,得到3NF;消除3NF关系中主属性对码的部分函数依赖和传递函数依赖,便可得到一组BCNF关系。在规范化过程中,可逐渐消除存储异常,使数据冗余尽量小,便于插入、删除和更新。

(1)需要了解的:什么是一个"不好"的数据库模式;什么是模式的插入异常和删除异常;规范化理论的重要意义。

(2)需要理解并掌握的:关系的形式化定义;数据依赖的基本概念(函数依赖、平凡函数依赖、非平反函数依赖、部分函数依赖、完全函数依赖、传递函数依赖的概念;码、候选码、外部码的概念和定义;多值依赖的概念);范式的概念,从1NF到4NF的定义;4个范式的理解及应用,各个级别范式中所存在的问题(插入异常、删除异常、数据冗余)和解决方法;规范化的含义和作用。

(3)需要设计与创新性应用的:能够根据应用语义,完整地写出关系模式的数据依赖集合,并能根据依赖分析某一关系模式属于第几范式。根据范式理论设计规范化的 E - R 模型。

(4)难点:各个级别范式的关系及其证明。

6.2　习题与解答

1. 建立一个关于学生、班级、系、学会等信息的关系数据库:

描述学生的属性有:学号、姓名、出生年月、系名、班号、宿舍区。

描述班级的属性有:班号、专业名、系名、人数、入校年份。

描述系的属性有:系名、系号、办公室地点、人数。

描述学会的属性有:学会名、成立年份、地点、人数。

有关语义如下:一个系有若干学生,每个专业每年只招一个班,每个班有若干学生。一个系的学生住在同一宿舍区。每个学生可参加若干学会,每个学会有若干学生。学生参加某学会有一个入会年份。

请给出关系模式,指出是否存在传递函数依赖,讨论函数依赖是完全函数依赖,还是部分函数依赖。

指出各关系的候选码、外部码,有没有全码存在?

答:关系模式如下:

学生 $S(S\#,SN,SB,DN,C\#,SA)$

班级 $C(C\#,CS,DN,CNUM,CDATE)$

系 $D(D\#,DN,DA,DNUM)$

学会 $P(PN,DATE1,PA,PNUM)$

学生-学会 $SP(S\#,PN,DATE2)$

其中:

$S\#$ 为学号,SN 为姓名,SB 为出生年月,SA 为宿舍区,$C\#$ 为班号,CS 为专业名,CNUM 为班级人数,CDATE 为入校年份,$D\#$ 为系号,DN 为系名,DA 为系办公室地点,DNUM 为系人数,PN 为学会名,DATE1 为成立年月,PA 为地点,PNUM 为学会人数,DATE2 为入会年份。

每个关系模式的极小函数依赖集如下:

$S:S\#\to SN,S\#\to SB,S\#\to C\#,C\#\to DN,DN\to SA$

$C:C\#\to CS,C\#\to CNUM,C\#\to CDATE,CS\to DN,(CS,CDATE)\to C\#$

/*因为每一个专业每年只招一个班*/

$D:D\#\to DN,DN\to D\#,D\#\to DA,D\#\to DNUM$

/*按照实际情况,系名和系号是一一对应的*/

$P:PN\to DATEI,PN\to PA,PN\to PNUM$

$SP:(S\#,PN)\to DATE2$

S 中存在传递函数依赖:$S\#\to DN,S\#\to SA,C\#\to SA$

/*因为 $S\#\to C\#,C\#\to DN,DN\to SA$ */

C 中存在传递函数依赖:$C\#\to DN$

/*因为 $C\#\to CS\#,CS\to DN$ */

$(S\#,PN)\to DATE2$ 和 $(CS,CDATE)\to C\#$ 均为 SP 中的函数依赖,是完全函数依赖。

各关系的候选码、外部码及全码情况如表 2-6-1 所列。

2. 为什么要进行关系模式的分解? 分解应遵守的准则是什么?

答:关系模式分解指采用投影的方式将一个关系模式 $R(U)$ 分解为 $R_1(U_1),\cdots,R_k(U_k)$,其中不存在 $U_i\subseteq U_j(1\leqslant i,j\leqslant k)$,并且 $U_1\cup U_2\cup\cdots\cup U_k=U$。

关系模式分解是规范化的主要手段,通过关系模式分解可以把一个低一级范式的关系模式分解为若干个高一级范式的关系模式的集合,从而消除关系操作中的异常。关系模式分解应保证关系的无损连接性和依赖保持性。

表 2-6-1　各关系的候选码、外部码及全码情况

关　系	候选码	外部码	全　码
S	S#	C#,DN	无
C	C#,(CS,CDATE)	DN	无
D	D# 和 DN	无	无
P	PN	无	无
SP	(S#,PN) S#	PN	无

3. 全键的关系是否必然属于 3NF？为什么？也是否必然属于 BCNF？为什么？

答：全键的关系必然属于 3NF，因为所有属性都是主属性，故不存在非主属性对键的部分函数依赖和传递函数依赖。

全键的关系一定属于 BCNF，因为不存在主属性对键的部分或传递函数依赖。

4. 现有关系模式如下：

Teacher(Tno,Tname,Tel,Department,Bno,Bname,BorrowDate,RDate,Backup)。

其中：

Tno——教师编号；

Tname——教师姓名；

Tel——电话；

Department——所在部门；

Bno——借阅图书编号；

Bname——书名；

BorrowDate——借书日期；

Rdate——还书日期；

Backup——备注。

该关系模式的属性之间具备通常的语义，例如：教师编号函数决定教师姓名，即教师编号是唯一的；借阅图书编号决定书名，即借阅图书编号是唯一的；等等。

试回答：

(1) 教师编号是候选码吗？

(2) 说明第(1)题判断的理由。

(3) 写出该关系模式的主码。

(4) 该关系模式中是否存在部分函数依赖？如果存在,请写出其中的两个。

(5) 说明要将一个 1NF 关系模式转化为若干 2NF 关系模式,应该如何做。

(6) 该关系模式最高满足第几范式？试说明理由。

(7) 将该关系模式分解为 3NF。

答：

(1) 教师编号 Tno 不是候选码。

(2) 因为教师→书名(Tno→Bname)不成立,故根据候选码的定义可知 Tno 不是候选码。

(3) 该关系模式的主码是(Bno,Tno,BorrowDate)。

(4) 存在部分函数依赖,如(Tno→Department)、(Bno→Bname)。

(5) 找出其中所存在的所有码,找出非主属性对码的部分依赖,将该关系模式分解为两个或两个以上的关系模式,使得分解后的关系模式中均消除了非主属性对码的部分依赖。

(6) 关系模式 Teacher 最高满足 1NF,因为存在非主属性对码的部分函数依赖。

(7)

BK(Bno,Bname),F1={Bno→Bname}

TH(Tno,Tname,Tel,Department),F2={Tno→Tname,Tno→Tel,Tno→Department}

TBB(Tno,Bno,BorrowDate,RDate,Backup)

F3={(Tno,Bno,BorrowDate)→RDate,(Tno,Bno,BorrowDate)→Backup}

5. 图 2-6-1 所示为某公司各部门的层次结构。

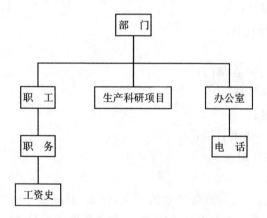

图 2-6-1 某公司各部门的层次结构

对每个部门,数据库中包含部门号(唯一的)D♯、预算费(BUDGET)以及此部门领导人员的职工号 E♯(唯一的)信息。

对每一个部门,还存有关于此部门的全部职工、生产与科研项目以及办公室的信息。

职工信息包括:职工号、他所参与的生产与科研项目号(J♯)、他所在办公室的电话号码(PHONE♯)。

生产科研项目包括:项目号(唯一的)、预算费。

办公室信息包括:办公室房间号(唯一的)、面积。

对每名职工,数据库中有他曾担任过的职务以及工资史。

对每间办公室包含此办公室中全部电话号码的信息。

请给出你认为合理的数据依赖,把这个层次结构转换称一组规范化的关系。

提示:此题可分步完成,第一步先转换成一组 1NF 的关系,然后逐步转换为 2NF、3NF、BCNF。

答:(1) 首先画出一些重要的函数依赖(如图 2-6-2 所示),所有这些函数依赖都是根据习题的文字说明和语义假设导出的。

语义假设如下:

① 一名职工不能同时成为多个部门的领导人。

② 一名职工不能同时在多个部门就职。

③ 一名职工不能同时参加多个生产项目。

④ 一名职工不能同时在两间不同的办公室办公。

⑤ 一名职工不能同时拥有两部或两部以上的电话。

⑥ 一个生产项目不能同时分配给多个部门。

⑦ 一间办公室不能同时分配给多个部门。

⑧ 部门号、职工号、项目号、办公室号及电话号码是全局唯一的。

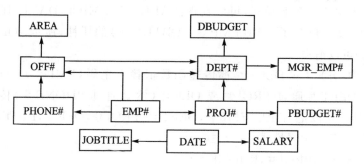

图 2-6-2　一些重要的函数依赖

(2) 先按照公司的层次结构图设计一组关系模式,它们都是属于 1NF 的。

DEPT(DEPT♯,DBUDGET,MGR_EMP♯)

PRIMARY KEY(DEPT♯)

DEPT♯ 和 MGR_EMP♯ 都是候选码,把 DEPT♯ 作为主码。

F={DEPT♯→DBUDGET,DEPT♯→MGR_EMP♯,MGR_EMP♯→DEPT♯}

EMPI(EMP♯,DEPT♯,PROJ♯,OFF♯,PHONE♯)

PRIMARY KEY（EMP♯）

F={EMP♯→DEPT♯,EMP♯→PROJ♯,EMP♯→OFF♯,EMP♯→PHONE♯,PHONE♯→OFF♯,OFF♯→DEPT♯,PROJ♯→DEPT♯}

JOB(EMP♯,JOBTITLE)

PRIMARY KEY(EMP♯,JOBTITLE)

F＝{EMP♯,JOBTITLE→EMP♯,EMP♯,JOBTITLE→JOBTITLE}

SALHIST(EMP♯,JOBTITLE,DATE,SALARY)

PRIMARY KEY（EMP♯,DATE）

F＝{EMP♯,DATE→JOBTITLE,EMP♯,DATE→SALARY}

PROJ(PROJ♯,DEPT♯,PBUDGET)

PRIMARY KEY（PROJ♯）

F＝{PROJ♯→DEPT♯,PROJ♯→PBUDGET}

OFFICE(OFF♯,DEPT♯,AREA)

  PRIMARY KEY（OFF♯）

F＝{OFF♯→DEPT♯,OFF♯→AREA}

PHONE(PHONE♯,OFF♯)

  PRIMARY KEY（PHONE♯）

  F＝{PHQNE♯→OFF♯}

（3）分析这7个关系模式,可以发现:SALHIST(EMP♯,DATE,JOBTITLE,SALARY)的属性包含了JOB(EMP♯,JOBTLTLE)的属性,所以JOB(EMP♯,JOBTITLE)可以消去。

EMP1中OFF♯和DEPT♯都传递函数依赖于主码(EMP♯)。OFF♯通过PHONE♯,DEPT♯通过PROJ♯或OFF♯（然后通过PHONE♯）传递依赖于{EMP♯},所以可以把EMP1(EMP♯,DEPT♯,PROJ♯,OFF♯,PHONE♯)分解成以下4个3NF的关系模式:

EMP(EMP♯,PROJ♯,PHONE♯)

  PRIMARY KEY（EMP♯）

X(PHONE♯,OFF♯)

  PRIMARY KEY(PHONE♯)

Y(PROJ♯,DEPT♯)

PRIMARY KEY(PROJ♯)

  Z(OFF♯,DEPT♯)

    PRIMARY KEY(OFF♯)

然而,X就是PHONE,Y是PROJ的投影,Z是OFFICE的投影,所以X、Y、Z都可以消去。

最后可以得到以下6个关系模式,所有这些关系模式都是属于3NF的,进一步发现它们也是BCNF的。

DEPT(DEPT♯,DBUDGET,MGR_EMP♯)
　　PRIMARY KEY(MGR_EMP♯)

EMP(EMP♯,PROJ♯,PHONE♯)
　　PRIMARY KEY(EMP♯)

SALHIST(EMP♯,DATE,JOBTITLE,SALARY)
　　PRIMARY KEY (EMR♯)

PROJ(PROJ♯,DEPT♯,PBUDGET)
　　PRIMARY KEY(PROJ♯)

OFFICE(OFF♯,DEPT♯,AREA)
　　PRIMARY KEY(OFF♯)

PHONE(PHONE♯,OFF♯)
　　　PRIMARY KEY(PHONE♯)

6. 在一个订货系统的数据库中,存有顾客、货物和订货单的信息。

每个顾客包含顾客号 CUST♯(唯一的)、收货地址 ADDRESS、订货日期 DATE、订货细则 LINE♯(每个订货单有若干条),每条订货细则内容为货物号 ITEM 以及订货数量 QTYORD。

每种货物包含货物号 ITEM♯(唯一的)、制造厂商 PLANT♯、每个厂商的实际存货量 QTYOH、规定的最低存货量 DANGER 和货物描述 DESCN。

由于处理上的要求,每个订货单 ORD♯的每条订货细则 LINE♯中还应有一个未发货量 QTYOUT(此值初始时为订货数量,随着发货的进行将逐渐减为 0)。

为这些数据设计一个数据库,如上题那样,首先给出合理的数据依赖。

答:其语义假设如下:

(1) 任何两个顾客的收货地址都不相同;

(2) 每一个订单都有一个唯一的订单号码。

(3) 每个订单的订单细则在这个订单里有一个唯一的编号。

函数依赖图如图 2-6-3 所示。

相应的 BCNF 关系模式如下:

CUST(CUST♯,BAL,CREDLIM,DISCOUNT)
　　PRIMARY KEY(CUST♯)

SHIPTO(ADDRESS,CUST♯)
　　PRIMARY KEY(ADDRESS)

ORDHEAD(ORD♯,ADDRESS,DATE)
　　PRIMARY KEY(ORD♯)

ORDLINE(ORD♯,LINE♯,ITEM♯,QTYORD,QTYOUT)

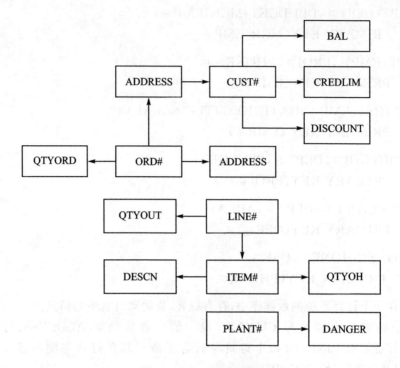

图 2 - 6 - 3 函数依赖图

PRIMARY KEY（ORD♯，LINE♯）

ITEM(ITEM♯,DESCN)

PRIMARY KEY(ITEM♯)

IP(ITEM♯,PLANT♯,QTYOH,DANGER)

PRIMARY KEY（ITEM♯，PLANT♯）

7. 设在习题 6 中实际上只有很少量的顾客(例如 1%)有多个收货地址,由于这些少数的而又不能忽视的情形使得我们不能按一般的方式来处理。你能发现习题 6 答案中的问题吗？能设法改进吗？

答:如果 99% 的顾客只有一个收货地址,则把地址放在与 CUST 不同的关系模式中,实际处理订单过程时的效率是很低的。因此我们可以对这个问题进行改进。对于每个顾客,指定一个合法收货地址作为主地址,则对于 99% 的顾客,该地址就是他的唯一地址。

关系模式 CUST 的定义修改如下:

CUST(CUST♯,ADDRESS,BAL,CREDLIM,DISCOUNT)

PRIMARY KEY(CUST♯)

99% 的顾客只有一个收货地址,则 CUST♯(顾客号)→ADDRESS(地址)。

对于其他 1% 的顾客,建立关系模式 SECOND(代替原来的关系模式 SHIPTO):

SECOND(ADDRESS,CUST♯)

    PRIMARY KEY(ADDRESS)

这样,CUST 存放主地址,而 SECOND 中存放所有的第二地址(和相应的顾客号),这两个关系变量都是属于 BCNF 的。

该方法具有如下优点:

(1) 对于 99% 的顾客的处理变得简单(当然更有效)了。

(2) 如果输入订单时把收货地址省略了,则可以用主地址作为默认地址。

总的说来,把特殊情况分离开来是个有效的方法。它可以充分利用两者的优点,既达到简化处理的目的,又使设计的关系模式达到 BCNF。

8. 下面的结论哪些是正确的,哪些是错误的? 对于错误的结论请给出理由或给出一个反例说明之。

(1) 任何一个二目关系都是属于 3NF 的。

(2) 任何一个二目关系都是属于 BCNF 的。

(3) 任何一个二目关系都是属于 4NF 的。

(4) 当且仅当函数依赖 $A \rightarrow B$ 在 R 上成立,关系 $R(A,B,C)$ 等于其投影 $R_1(A,B)$ 和 $R_2(A,C)$ 的连接。

(5) 若 $R.A \rightarrow R.B, R.B \rightarrow R.C$,则 $R.A \rightarrow R.C$。

(6) 若 $R.A \rightarrow R.B, R.A \rightarrow R.C$,则 $R.A \rightarrow R.(B,C)$。

(7) 若 $R.B \rightarrow R.A, R.C \rightarrow R.A$,则 $R.(B,C) \rightarrow R.A$。

(8) 若 $R.(B,C) \rightarrow R.A$,则 $R.B \rightarrow R.A, R.C \rightarrow R.A$。

答:

(1) 任何一个二目关系都是属于 3NF 的。(√)

(2) 任何一个二目关系都是属于 BCNF 的。(√)

(3) 任何一个二目关系都是属于 4NF 的。(√)

$R(X,Y)$ 如果 $X \rightarrow\!\!\!\rightarrow Y$ 即 X,Y 之间存在平凡的多值依赖,R 属于 4NF。

(4) 当且仅当函数依赖 $A \rightarrow B$ 在 R 上成立,关系 $R(A,B,C)$ 等于其投影 $R_1(A,B)$ 和 $R_2(A,C)$ 的连接。(×)

当 $A \rightarrow B$ 在 R 上成立,关系 $R(A,B,C)$ 等于其投影 $R_1(A,B)$ 和 $R_2(A,C)$ 的连接。

(5)若 $R.A \rightarrow R.B, R.B \rightarrow R.C$,则 $R.A \rightarrow R.C$。(√)

(6)若 $R.A \rightarrow R.B, R.A \rightarrow R.C$,则 $R.A \rightarrow R.(B,C)$。(√)

(7)若 $R.B \rightarrow R.A, R.C \rightarrow R.A$,则 $R.(B,C) \rightarrow R.A$。(√)

(8)若 $R.(B,C) \rightarrow R.A$,则 $R.B \rightarrow R.A, R.C \rightarrow R.A$。(×)

反例:关系模式 $SC(S♯,C♯,G)$,$(S♯,C♯) \rightarrow G$,但是 $S♯ \not\rightarrow G, C♯ \not\rightarrow G$。

第 7 章　数据库设计

7.1　知识框架与学习要求

本章介绍数据库设计的全过程,内容的实践性较强。本章主要讨论数据库设计的方法和步骤,列举了较多的实例,详细介绍了数据库设计各个阶段的目标、方法和采用的关键技术。

(1) 需要了解的:数据库设计的特点;数据库物理设计的内容和评价;数据库的实施与维护。

(2) 需要牢固掌握的:数据库设计的基本步骤;数据库设计过程中数据字典的内容;数据库设计各个阶段的具体内容、设计描述及方法等。

(3) 需要设计与创新应用的:数据流图、数据字典、整体 E - R 图的设计;E - R 图向关系模型的转换。

(4) 难点:技术上的难点是 E - R 图的设计、数据模型的优化;真正的难点是理论与实际的结合。学生通常缺乏实际经验,缺乏解决实际问题的能力,特别是缺乏应用领域的相关知识,而数据库设计要求设计人员对应用环境、专业知识有深入的了解,这样才能创造性地设计出符合特定领域要求的数据库及应用系统。

7.2　习题与解答

1. 试述数据库设计过程。

答:这里只概要列出数据库设计过程的 6 个阶段:

① 需求分析;

② 概念结构设计;

③ 逻辑结构设计;

④ 数据库物理设计;

⑤ 数据库实施;

⑥ 数据库运行和维护。

这是一个完整的实际数据库及其应用系统的设计过程。不仅包括设计数据库本身,还包括数据库的实施、运行和维护。

设计一个完善的数据库应用系统往往是上述 6 个阶段的不断反复。

2. 试述数据库设计过程各个阶段上的设计描述。

答:各阶段的设计要点如下:

(1)需求分析:准确了解与分析用户需求(包括数据与处理)。

(2)概念结构设计:通过对用户需求进行综合、归纳与抽象,形成一个独立于具体 DBMS 的概念模型。

(3)逻辑结构设计:将概念结构转换为某个 DBMS 所支持的数据模型,并对其进行优化。

(4)数据库物理设计:为逻辑数据模型选取一个最适合应用环境的物理结构(包括存储结构和存取方法)。

(5)数据库实施:设计人员运用 DBMS 提供的数据语言、工具及宿主语言,根据逻辑设计和物理设计的结果建立数据库,编制与调试应用程序,组织数据入库,并进行试运行。

(6)数据库运行和维护:数据库系统运行过程中对其进行评价、调整与修改。

3.试述数据库设计过程中结构设计部分形成的数据库模式。

答:数据库结构设计的不同阶段形成数据库的各级模式,即:

(1)在概念设计阶段形成独立于机器特点、独立于各个 DBMS 产品的概念模式,也就是 E-R 图。

(2)在逻辑设计阶段将 E-R 图转换成具体的数据库产品支持的数据模型(如关系模型),形成数据库逻辑模式,然后在基本表的基础上再建立必要的视图(View),形成数据的外模式。

(3)在物理设计阶段,根据 DBMS 特点和处理的需要,进行物理存储安排,建立索引,形成数据内模式。

4.试述数据库设计的特点。

答:数据库设计既是一项涉及多学科的综合性技术,又是一项庞大的工程项目。

其主要特点有:

(1)数据库建设是硬件、软件和干件(即技术与管理的界面)的结合。

(2)从软件设计的技术角度看,数据库设计应该和应用系统设计相结合,也就是说,整个设计过程中要把结构(数据)设计和行为(处理)设计密切结合起来。

5.需求分析阶段的设计目标是什么? 调查的内容是什么?

答:需求分析阶段的设计目标是通过详细调查实现数据处理的对象(组织、部门、企业等),充分了解原系统(手工系统或计算机系统)的工作概况,明确用户的各种需求,然后在此基础上确定新系统的功能。

调查的内容是"数据"和"处理",即获得用户对数据库的如下要求:

(1)信息要求,指用户需要从数据库中获得信息的内容与性质,由信息要求可以导出数据要求,即在数据库中需要存储哪些数据。

(2)处理要求,指用户要完成什么处理功能,对处理的响应时间有什么要求,处理方式是批处理还是联机处理。

(3) 安全性与完整性要求。

6. 数据字典的内容和作用是什么?

答:数据字典是系统中各类数据描述的集合。数据字典的内容通常包括:数据项、数据结构、数据流、数据存储、处理过程 5 部分。其中,数据项是数据的最小组成单位,若干个数据项可以组成一个数据结构。

数据字典通过对数据和数据结构的定义来描述数据流和数据存储的逻辑内容。

数据字典的作用:数据字典是关于数据库中数据的描述,在需求分析阶段建立,是下一步进行概念设计的基础,并在数据库设计过程中不断修改、充实、完善。

7. 什么是数据库的概念结构? 试述其特点和设计策略。

答:概念结构是信息世界的结构,即概念模型,其主要特点如下:

(1) 能真实、充分地反映现实世界,包括事物和事物之间的联系,能满足用户对数据的处理要求,是描述现实世界的一个真实模型。

(2) 易于理解,从而可以用它和不熟悉计算机的用户交换意见,用户的积极参与是数据库设计成功的关键。

(3) 易于更改,当应用环境和应用要求改变时,容易对概念模型修改和扩充。

(4) 易于向关系、网状、层次等各种数据模型转换。

概念结构的设计策略通常有以下 4 种:

(1) 自顶向下,即首先定义全局概念结构的框架,然后逐步细化。

(2) 自底向上,即首先定义各局部应用的概念结构,然后将它们集成起来,得到全局概念结构。

(3) 逐步扩张,首先定义最重要的核心概念结构,然后向外扩充,以滚雪球的方式逐步生成其他概念结构,直至总体概念结构。

(4) 混合策略,即将自顶向下和自底向上相结合,用自顶向下策略设计一个全局概念结构的框架,以它为骨架集成由自底向上策略中设计的各局部概念结构。

8. 什么叫数据抽象? 试举例说明。

答:数据抽象是对实际的人、物、事和概念进行人为处理,抽取所关心的共同特性,忽略非本质的细节,并把这些特性用各种概念精确地加以描述,这些概念组成了某种模型。

如"分类"这种抽象是:定义某一类概念作为现实世界中一组对象的类型。这些对象具有某些共同的特性和行为。它抽象了对象的值和型之间的"is member of"语义。

在 E - R 模型中,实体型就是这种抽象。例如在学校环境中,李英是老师,表示李英是教师类型中的一员,则教师是实体型,李英是教师实体型中的一个实体值,具有教师共同的特性和行为:在某个系某个专业教学,讲授某些课程,从事某个方向的科学研究工作。

9. 试述数据库概念结构设计的重要性和设计步骤。

答:重要性:数据库概念设计是整个数据库设计的关键,将在需求分析阶段所得到的应用需求首先抽象为概念结构,以此作为各种数据模型的共同基础,从而能更好地、更准确地用某一DBMS实现这些需求。

设计步骤:概念结构的设计方法有多种,其中最经常采用的策略是自底向上方法,该方法的设计步骤通常分为两步:第一步是抽象数据并设计局部视图,第二步是集成局部视图,得到全局的概念结构。

10. 什么是E-R图?构成E-R图的基本要素是什么?

答:E-R图为实体-联系图,提供了表示实体型、属性和联系的方法,用来描述现实世界的概念模型。

构成E-R图的基本要素是实体型、属性和联系,其表示方法为:

(1) 实体型,用矩形表示,矩形框内写明实体名。

(2) 属性,用椭圆形表示,并用无向边将其与相应的实体连接起来。

(3) 联系,用菱形表示,菱形框内写明联系名,并用无向边分别与有关实体连接起来,同时在无向边旁标上联系的类型($1:1$, $1:n$ 或 $m:n$)。

11. 什么是数据库的逻辑结构设计?试述其设计步骤。

答:数据库的逻辑结构设计就是把概念结构设计阶段设计好的基本E-R图转换为与选用的DBMS产品所支持的数据模型相符合的逻辑结构。

设计步骤如下:

(1) 将概念结构转换为一般的关系模型、网状模型、层次模型。

(2) 将转换来的关系模型、网状模型、层次模型向特定DBMS支持下的数据模型转换。

(3) 对数据模型进行优化。

12. 试述将E-R图转换为关系模型的转换规则。

答:一个实体型转换为一个关系模式。实体的属性就是关系的属性,实体的码就是关系的码。

对于实体间的联系则有以下几种不同情况:

(1) 一个$1:1$联系可以转换为一个独立的关系模式,也可以与任意一端对应的关系模式合并。如果转换为一个独立的关系模式,则与该联系相连的各实体的码以及联系本身的属性均转换为关系的属性,每个实体的码均是该关系的候选码。如果与某一端实体对应的关系模式合并,则需要在该关系模式的属性中加入另一个关系模式的码和联系本身的属性。

(2) 一个$1:n$联系可以转换为一个独立的关系模式,也可以与n端对应的关系模式合并。如果转换为一个独立的关系模式,则与该联系相连的各实体的码以及联系本身的属性均转换为一个独立的关系模式;如果与n端对应的关系模式合并,则与该联系相连的各实体的码以及联系本身的属性均转换为关系的属性,而关系的码为n端实体的码。

(3) 一个 $m:n$ 联系转换为一个关系模式。与该联系相连的各实体的码以及联系本身的属性均转换为关系的属性,各实体码的组合组成该关系的码,或码的一部分。

(4) 3 个或 3 个以上实体间的一个多元联系可以转换为一个关系模式。与该多元联系相连的各实体的码以及联系本身的属性均转换为关系的属性,而关系的码为各实体码的组合。

(5) 具有相同码的关系模式可以合并。

13. 某单位的科研人员情况见表 2-7-1～表 2-7-3,现在要使用数据库将所有科研人员的情况进行管理,请设计关系模型,要求模型中的关系模式属于 3NF,指出主码和函数依赖。

表 2-7-1　个人基本信息表

编　号		姓　名		性　别		年　龄		职　称	
部　门						电　话			
家庭住址									

表 2-7-2　家庭情况表

身份证号码	姓　名	关　系	工作单位	收入/元
1101…	张君	父亲	AAAA	1 200
1101…	李丽	母亲	CCCC	1 000
1101…	王芳	夫妻	DDDD	800

表 2-7-3　获奖情况表

证书编号	名　称	授予部门	年　份
X1995-001	三好生	XX 大学	1995
X1996-001	三好生	XX 大学	1996
X2001-1-001	科技进步一等奖	X 部	2001

答:对应的关系模式如下:

职工(编号,姓名,年龄,职称,部门,家庭住址,电话);主码:编号

家庭情况(编号,身份证号,关系,工作单位,收入);主码:编号+身份证号

获奖情况(编号,证书编号,名称,授予部门,年份);主码:编号+证书编号

14. 现有一局部应用,包括两个实体:"出版社"和"作者",这两个实体是多对多的联系,请读者自己设计恰当的属性,画出 E-R 图,再将其转换为关系模型(包括关系名、属性名、码和完整性约束条件)。

答:E-R图如图2-7-1所示。

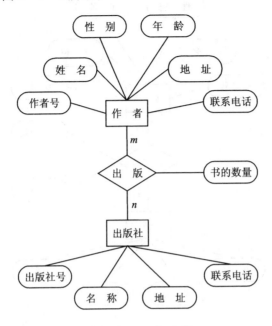

图2-7-1　E-R图

15. 请设计一个图书管理数据库。此数据库中对每个借阅者保存读者记录,包括:读者号、姓名、地址、性别、年龄、单位。对每本书存有:书号、书名、作者、出版社。对每本被借出的书存有读者号、借出日期和应还日期。要求:给出E-R图,再将其转换为关系模型。

答:E-R图如图2-7-2所示。

关系模型为:

读者(读者号,姓名,地址,性别,年龄,单位)

书(书号,书名,作者,出版社)

借书(读者号,书号,借出日期,应还日期)

16. 规范化理论对数据库设计有什么指导意义?

答:规范化理论为数据库设计人员判断关系模式的优劣提供了理论标准,可用于指导关系数据模型的优化,用来预测模式可能出现的问题,为设计人员提供了自动产生各种模式的算法工具,使数据库设计工作有了严格的理论基础。

17. 试述数据库物理设计的内容和步骤。

答:数据库在物理设备上的存储结构与存取方法称为数据库的物理结构,它依赖于给定的DBMS。为一个给定的逻辑数据模型选取一个最适合应用要求的物理结构,就是数据库物理设计的主要内容。

数据库的物理设计通常分为以下两个步骤:

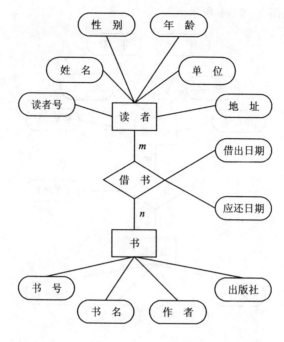

图 2-7-2　E-R 图

（1）确定数据库的物理结构，在关系数据库中主要指存取方法和存储结构。

（2）对物理结构进行评价，评价的重点是时间效率和空间效率。

18. 数据输入在实施阶段的重要性是什么？如何保证输入数据的正确性？

答: 数据库是用来对数据进行存储、管理与应用的，因此在实施阶段必须将原有系统中的历史数据输入到数据库。数据量一般都很大，而且数据来源于部门中的各个不同的单位。数据的组织方式、结构和格式都与新设计的数据库系统有相当的差距，组织数据录入就要将各类源数据从各个局部应用中抽取出来，分类转换，最后综合成符合设计要求的数据库结构形式，输入数据库。因此，这样的数据转换、组织入库的工作是相当费力费时的工作。特别是当原系统是手工数据处理系统时，各类数据分散在各种不同的原始表格、凭证、单据之中，数据输入量更大。

保证输入数据正确性的方法：为提高数据输入工作的效率和准确性，应该针对具体的应用环境设计一个数据录入子系统，由计算机来完成数据入库的任务。在源数据入库之前采用多种方法对它们进行检验，以防止不正确的数据入库。

19. 什么是数据库的再组织和再构造？为什么要进行数据库的再组织和再构造？

答: 数据库的再组织是指按原设计要求重新安排存储位置、回收垃圾、减少指针链等，以提高系统性能。

数据库的再构造是指部分修改数据库的模式和内模式，即修改原设计的逻辑和物理结构。数据库的再组织是不修改数据库的模式和内模式的。

进行数据库的再组织和再构造的原因:数据库运行一段时间后,由于记录不断增、删、改,使数据库的物理存储情况变坏,降低了数据的存取效率,数据库性能下降,这时 DBA 就要对数据进行再组织。DBMS 一般都提供用于数据再组织的实用程序。

数据库应用环境常常发生变化,如增加新的应用或新的实体取消了某些应用,有的实体与实体间的联系也发生了变化等,使原有的数据库设计不能满足新的需求,需要调整数据库的模式和内模式。这时就要进行数据库再构造。

第8章 数据库恢复技术

8.1 知识框架与学习要求

（1）需要了解的：数据库的一致性状态；数据库运行过程中可能产生的故障类型，它们如何影响事务的正常执行，如何破坏数据库数据；数据转储的概念及分类；数据库镜像功能。

（2）需要牢固掌握的：事务的基本概念和事务的 ACID 性质；数据库恢复的实现技术；日志文件的内容及其作用；登记日志文件所遵循的原则；具有检查点的恢复技术。

（3）需要举一反三的：恢复的基本原理；针对不同故障的恢复策略和方法。

（4）难点：日志文件的使用；系统故障恢复策略。

事务管理模块是 DBMS 实现中的关键技术。事务恢复的基本原理是数据备份，它貌似简单，实现起来却很复杂。数据库的事务管理策略（不仅有数据库恢复策略，还有并发控制策略）和 DBMS 缓冲区管理策略、事务一致性级别密切相关。

读者要掌握数据库故障恢复的策略和方法。对于刚开始学习数据库课程的读者而言，可能体会不到数据库故障恢复的复杂性和重要性。在实际工作中，作为数据库管理员，必须十分清楚每一个 DBMS 产品所提供的恢复技术、恢复方法，并且能够根据这些技术正确地制定实际系统的恢复策略，以保证数据库系统 7×24 h 正确运行，确保数据库系统在遇到故障时能及时恢复并正常运行，提高抵抗灾难的能力。

8.2 习题与解答

1. 试述事务的概念及事务的 4 个特性。

答：事务是用户定义的一个数据库操作序列，这些操作要么全做要么全不做，是一个不可分割的操作单位。

事务具有 4 个特性：原子性（Atomicity）、一致性（Consistency）、隔离性（Isolation）和持续性（Durability）。这 4 个特性也简称为 ACID 特性。

原子性：事务是数据库的逻辑工作单位，事务中包括的诸操作要么都做，要么都不做。

一致性：事务执行的结果必须是使数据库从一个一致性状态变到另一个一致性状态。

隔离性:一个事务的执行不能被其他事务干扰。即一个事务内部的操作及使用的数据对其他并发事务是隔离的,并发执行的各个事务之间不能互相干扰。

持续性:持续性也称永久性(Permanence),指一个事务一旦提交,它对数据库中数据的改变就应该是永久性的。接下来的其他操作或故障不应该对其执行结果有任何影响。

2. 为什么事务非正常结束时会影响数据库数据的正确性? 请举一个具体的例子进行说明。

答:事务执行的结果必须是使数据库从一个一致性状态变到另一个一致性状态。如果数据库系统运行中发生故障,有些事务尚未完成就被迫中断,这些未完成事务对数据库所做的修改有一部分已写入物理数据库,这时数据库就处于一种不正确的状态,或者说是不一致的状态。

例如:某工厂的库存管理系统中,要把数量为 Q 的某种零件从仓库 1 移到仓库 2 存放,则可以定义一个事务 T,T 包括两个操作;$Q_1 = Q_1 - Q$,$Q_2 = Q_2 + Q$。如果 T 非正常终止时只做了第一个操作,则数据库就处于不一致性状态,即库存量无缘无故少了 Q。

3. 数据库中为什么要有恢复子系统? 它的功能是什么?

答:因为计算机系统中的硬件故障、软件错误、操作员失误以及恶意破坏是不可避免的,这些故障轻则造成运行事务非正常中断,影响数据库中数据的正确性,重则破坏数据库,使数据库中全部或部分数据丢失,因此必须要有恢复子系统。

恢复子系统的功能是:把数据库从错误状态恢复到某已知的正确状态(亦称为一致状态或完整状态)。

4. 数据库运行中可能产生的故障有哪几类? 哪些故障会影响事务的正常执行? 哪些故障会破坏数据库数据?

答:数据库系统中可能发生各种各样的故障,大致可以分为 4 类:事务内部的故障、系统故障、介质故障、计算机病毒。

事务故障、系统故障和介质故障会影响事务的正常执行;介质故障、计算机病毒会破坏数据库数据。

5. 数据库恢复的基本技术有哪些?

答:数据转储和登录日志文件是数据库恢复的基本技术。

当系统运行过程中发生故障时,利用转储的数据库后备副本和日志文件就可以将数据库恢复到故障前的某个一致性状态。

6. 数据库转储的意义是什么? 试比较各种数据库转储方法。

答:数据库转储是数据库恢复中采用的基本技术。所谓转储即 DBA 定期地将数据库复制到磁带或另一个磁盘上保存起来的过程。当数据库遇到破坏时,可以将后备副本重新装入,将数据库恢复到转储时的状态。转储与恢复过程如图 2−8−1 所示。

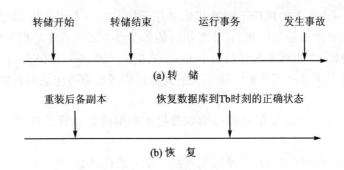

图 2-8-1 转储与恢复过程

静态转储:在系统中无运行事务时进行的转储操作,如图 2-8-1所示。静态转储简单,但必须等待正运行的用户事务结束后才能进行。同样,新的事务必须等待转储结束后才能执行。显然,这会降低数据库的可用性。

动态转储:指转储期间允许对数据库进行存取或修改。动态转储可克服静态转储的缺点,它不用等待正在运行的用户事务结束,也不会影响新生事务的运行。但是,转储结束时后备副本上的数据并不能保证正确有效。因为转储期间运行的事务可能修改了某些数据,使得后备副本上的数据不是数据库的一致版本。

为此,必须把转储期间各事务对数据库的修改活动记录下来,建立日志文件(Log File)。这样,后备副本加上日志文件就能得到数据库某一时刻的正确状态。

转储还可以分为海量转储和增量转储两种方式。海量转储是指每次转储全部数据库。增量转储是指每次只转储上一次转储后更新过的数据。从恢复的角度来看,对使用海量转储得到的后备副本进行恢复一般说来更简单些。但如果数据库很大,事务处理又十分频繁,则增量转储方式更实用、有效。

7. 什么是日志文件?为什么要设立日志文件?

答:

(1)日志文件是用来记录事务对数据库的更新操作的文件。

(2)设立日志文件的目的是:进行事务故障恢复;进行系统故障恢复;协助后备副本进行介质故障恢复。

8. 登记日志文件时为什么必须先写日志文件,后写数据库?

答:把对数据的修改写到数据库中和把表示这个修改的日志记录写到日志文件中是两个不同的操作。有可能在这两个操作之间发生故障,即这两个写操作只完成了一个。

如果先写了数据库修改,而在运行记录中没有登记这个修改,则以后就无法恢复这个修改了。如果先写日志,但没有修改数据库,在恢复时只不过是多执行一次UNDO操作,并不会影响数据库的正确性。所以一定要先写日志文件,即首先把日志记录写到日志文件中,然后再写数据库的修改。

9. 针对不同的故障,试给出恢复的策略和方法。(即:如何进行事务故障的恢复？如何进行系统故障的恢复？如何进行介质故障恢复？）

答：

（1）事务故障的恢复：

事务故障的恢复是由 DBMS 自动完成的，对用户是透明的。

DBMS 执行恢复的步骤如下：

① 反向扫描文件日志（即从最后向前扫描日志文件），查找该事务的更新操作。

② 对该事务的更新操作执行逆操作，即将日志记录中"更新前的值"写入数据库。

③ 继续反向扫描日志文件，做同样处理。

④ 如此处理下去，直至读到此事务的开始标记，该事务故障的恢复就完成了。

（2）系统故障的恢复：

系统故障可能会造成数据库处于不一致状态：一是未完成事务对数据库的更新可能已写入数据库；二是已提交事务对数据库的更新可能还留在缓冲区，没来得及写入数据库。因此恢复操作就是要撤销（UNDO）故障发生时未完成的事务，重做（REDO）已完成的事务。

系统故障的恢复步骤如下：

① 正向扫描日志文件，找出在故障发生前已经提交的事务队列（REDO 队列）和未完成的事务队列（UNDO 队列）。

② 对撤销队列中的各个事务进行 UNDO 处理。

进行 UNDO 处理的方法是，反向扫描日志文件，对每个 UNDO 事务的更新操作执行逆操作，即将日志记录中"更新前的值"（Before Image）写入数据库。

③ 对重做队列中的各个事务进行 REDO 处理。

进行 REDO 处理的方法是：正向扫描日志文件，对每个 REDO 事务重新执行日志文件登记的操作，即将日志记录中"更新后的值"（After Image）写入数据库。

（3）介质故障的恢复：

介质故障是最严重的一种故障。

恢复方法是重装数据库，然后重做已完成的事务。具体过程如下：

① DBA 装入最新的数据库后备副本（离故障发生时刻最近的转储副本），使数据库恢复到转储的一致性状态。

② DBA 装入转储结束时刻的日志文件副本。

③ DBA 启动系统恢复命令，由 DBMS 完成恢复功能，即重做已完成的事务。

10．什么是检查点记录？检查点记录包括哪些内容？

答：检查点记录是一类新的日志记录。它的内容包括：

（1）建立检查点时刻所有正在执行的事务清单（如图 $2-8-2$ 中的 T_1 和 T_2）。

（2）这些事务的最近一个日志记录的地址（如图 $2-8-2$ 中的 D_1 和 D_2）。

11．具有检查点的恢复技术有什么优点？试举一个具体的例子加以说明。

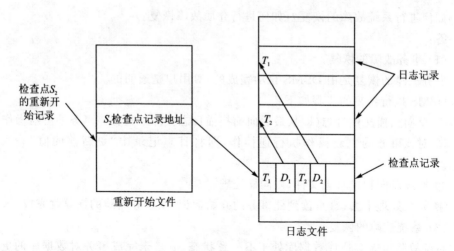

图 2 - 8 - 2　检查点记录

答: 利用日志技术进行数据库恢复时,恢复子系统必须搜索日志,确定哪些事务需要 REDO,哪些事务需要 UNDO。一般来说,需要检查所有日志记录,这样做有两个问题:一是搜索整个日志将消耗大量的时间;二是很多需要 REDO 处理的事务实际上已经将它们的更新操作写到数据库中了,恢复子系统又重新执行了这些操作,浪费了大量的时间。

检查点技术(如图 2 - 8 - 3 所示)可以解决上述这些问题。

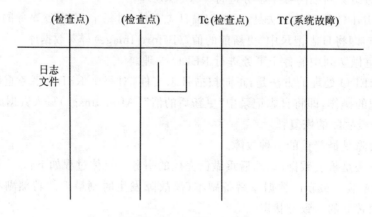

图 2 - 8 - 3　检查点技术

例如:

在采用检查点技术之前,恢复时需要从头扫描日志文件,而利用检查点技术只需要从 Tc 开始扫描日志,这就缩短了扫描日志的时间。

事务 T_1 的更新操作实际上已经写到数据库中了,进行恢复时没有必要做 RE-DO 处理,采用检查点技术即可实现这一点。

第9章 并发控制

9.1 知识框架与学习要求

数据库是一个共享资源,当多个用户并发存取数据库中的数据时,会产生多个事务同时存取同一个数据的情况。若对并发操作不加以控制,则可能会读取和存储不正确的数据,破坏数据库的一致性。因此,DBMS 必须提供并发控制机制。

并发控制机制的正确性和高效性是衡量 DBMS 性能的重要指标之一。

(1)需要了解的:数据库并发控制技术的必要性;活锁与死锁的概念。

(2)需要牢固掌握的:并发操作可能产生数据不一致的情况,包括丢失修改、不可重复读、读"脏"数据等,要牢固掌握其确切含义;封锁的类型及不同封锁类型(例如 X 锁、S 锁)的性质和定义,相关的相容控制矩阵;封锁协议的概念;封锁粒度的概念;多粒度封锁方法;多粒度封锁协议的相容控制矩阵。

(3)需要举一反三的:封锁协议与数据的一致性之间的关系;并发调度的可串行性的概念;两段锁协议和可串行性的关系;两段锁协议和死锁的关系。

(4)难点:两段锁协议和客串行性的关系;两段锁协议和死锁的关系;具有意向锁的多粒度封锁方法的封锁过程。

9.2 习题与解答

1. 在数据库中为什么要并发控制?

答:数据库是共享资源,通常有多个事务同时在运行。

当多个事务并发地存取数据库时就会产生同时读取和/或修改同一数据的情况。若对并发操作不加以控制就可能会读取和存储不正确的数据,破坏数据库的一致性。所以,数据库管理系统必须提供并发控制机制。

2. 并发操作可能会产生哪几类数据不一致的情况?用什么方法能避免各种不一致的情况?

答:并发操作产生的数据不一致的情况包括三类:丢失修改、不可重复读和读"脏"数据。

(1)丢失修改(Lost Update):两个事务 T_1 和 T_2 读入同一数据并修改,T_2 提交的结果破坏了(覆盖了)T_1 提交的结果,导致 T_1 的修改被丢失。

(2)不可重复读(Non - Repeatable Read):不可重复读是指事务 T_1 读取数据

后,事务 T_2 执行更新操作,使 T_1 无法再现前一次的读取结果。

(3)读"脏"数据(Dirty Read):读"脏"数据是指事务 T_1 修改某一数据,并将其写回磁盘,事务 T_2 读取同一数据后,T_1 由于某种原因被撤销,这时 T_1 已修改过的数据恢复原值,T_2 读到的数据就与数据库中的数据不一致,则 T_2 读到的数据就是"脏"数据,即不正确的数据。

避免不一致性的方法和技术就是并发控制。最常用的技术是封锁技术,也可以用其他技术,例如在分布式数据库系统中可以采用时间戳方法来进行并发控制。

3. 什么是封锁?

答:封锁就是事务 T 在对某个数据对象例如表记录等操作之前,先向系统发出请求,对其加锁。加锁后事务 T 就对该数据对象有了一定的控制,在事务 T 释放它的锁之前,其他的事务不能更新此数据对象。

封锁是实现并发控制的一项非常重要的技术。

4. 基本的封锁类型有几种?试述它们的含义。

答:基本的封锁类型有两种:排它锁(Exclusive Locks,简称 X 锁)和共享锁(Share Locks,简称 S 锁)。

排它锁又称为写锁。若事务 T 对数据对象 A 加上 X 锁,则只允许 T 读取和修改 A,其他任何事务都不能再对 A 加任何类型的锁,直到 T 释放 A 上的锁。这就保证了其他事务在 T 释放 A 上的锁之前不能再读取和修改 A。

共享锁又称为读锁。若事务 T 对数据对象 A 加上 S 锁,则事务 T 可以读取 A 但不能修改 A;其他事务只能再对 A 加 S 锁,而不能加 X 锁,直到 T 释放 A 上的 S 锁。这就保证了其他事务可以读 A,但在 T 释放 A 上的 S 锁之前不能对 A 做任何修改。

5. 如何用封锁机制保证数据的一致性?

答:DBMS 在对数据进行读、写操作之前首先对该数据执行封锁操作,例如:图 2-9-1 中事务 T_1 在对 A 进行修改之前先对 A 执行 Xlock(A),即对 A 加 X 锁。这样,当 T_2 请求对 A 加 X 锁时就被拒绝,T_2 只能等待 T_1 释放 A 上的锁后才能获得对 A 的 X

T_1	T_2
Xlock A	
获得	
读 A=16	
	Xlock A
A=A-1	
写回 A=15	等待
Commit	等待
Unlock A	等待
	等待
	获得 Xlock A
	A=A-1
	写回 A=14
	A=15
	Commit
	Unlock A

图 2-9-1 封锁操作示例

锁,这时它读到的 A 是 T_1 更新后的值,再按此新的 A 值进行运算。这样就不会丢失 T_1 的更新。

DBMS 按照一定的封锁协议,对并发操作进行控制,使得多个并发操作有序地执行,就可以避免丢失修改、不可重复读和读"脏"数据等数据不一致的情况。

6. 什么是封锁协议? 不同级别的封锁协议的主要区别是什么?

答: 在运用封锁技术对数据加锁时,要约定一些规则。例如:在运用 X 锁和 S 锁对数据对象加锁时,要约定何时申请 X 锁或 S 锁,何时释放封锁等。这些约定或者规则称为封锁协议(Locking Protocol)。对封锁方式约定不同的规则就形成了各种不同的封锁协议。不同级别的封锁协议的主要区别在于什么操作需要申请封锁,何时申请封锁以及何时释放锁(即持锁时间的长短)。

一级封锁协议:事务 T 在修改数据 R 之前必须先对其加 X 锁,直到事务结束才释放。

二级封锁协议:一级封锁协议加上事务 T 在读取数据 R 之前必须先对其加 S 锁,读完后即可释放 S 锁。

三级封锁协议:一级封锁协议加上事务 T 在读取数据 R 之前必须先对其加 S 锁,直到事务结束才释放。

7. 不同封锁协议与系统一致性级别的关系是什么?

答: 不同的封锁协议对应不同的一致性级别。

一级封锁协议可防止丢失修改,并保证事务 T 可恢复。在一级封锁协议中,对读数据是不加 S 锁的,所以它不能保证可重复读和不读"脏"数据。

二级封锁协议除了防止丢失修改,还可进一步防止读"脏"数据。在二级封锁协议中,由于读完数据后立即释放 S 锁,所以它不能保证可重复读。

在三级封锁协议中,无论是读数据还是写数据都加 S 锁,即都要到事务结束时才释放封锁。所以三级封锁协议除防止了丢失修改和不读"脏"数据外,还进一步防止了不可重复读。

表 2-9-1 清楚地说明了封锁协议与系统一致性的关系。

表 2-9-1　封锁协议与系统一致性的关系

不同级别封锁协议	X 锁		S 锁		一致性保证		
	操作结束释放	事务结束释放	操作结束释放	事务结束释放	不丢失修改	不读"脏"数据	可重复读
一级封锁协议		√			√		
二级封锁协议		√	√		√	√	
三级封锁协议		√		√	√	√	√

8. 什么是活锁? 什么是死锁?

答: 活锁如表 2-9-2 所列。

表 2 - 9 - 2 活 锁

T_1	T_2	T_3	T_4
Lock R	.	.	.
.	lock R	.	.
.	等待	Lock R	.
Unlock	等待	.	Lock R
.	等待	Lock R	等待
.	等待	.	等待
.	等待	Lock R	等待
.	等待	.	Lock R
.	等待	.	.

如果事务 T_1 封锁了数据 R,事务 T_2 又请求封锁 R,于是 T_2 等待。T_3 也请求封锁 R,在 T_1 释放了 R 上的封锁之后系统首先批准了 T_3 的请求,T_2 仍然等待。然后 T_4 又请求封锁 R,在 T_3 释放了 R 上的封锁之后系统又批准了 T_4 的请求……T_2 有可能永远等待,这就是活锁的情形。

活锁的含义是该等待事务等待时间太长,似乎被锁住了,实际上可能被激活。

如果事务 T_1 封锁了数据 R_1,T_2 封锁了数据 R_2,然后 T_1 又请求封锁 R_2,因为已封锁了 R_2,于是 T_1 等待 T_2 释放 T2 上的锁。接着 T_2 又申请封锁 R_1,因 T_1 已封锁了 R_1,T_2 也只能等待 T_1 释放 R_1 上的锁。这样就出现了 T_1 在等待 T_2,而 T_2 又在等待 T_1 的状态,T_1 和 T_2 两个事务永远不能结束,形成死锁(如表 2 - 9 - 3 所列)。

表 2 - 9 - 3 死 锁

T_1	T_2
Lock R1	.
.	Lock R2
.	.
Lock R2	.
等待	.
等待	Lock R1
等待	等待

9. 试述活锁的产生原因和解决方法。

答:活锁的产生原因:当一系列封锁不能按照其先后顺序执行时,就可能导致一些事务无限期等待某个封锁,从而导致活锁。

避免活锁的简单方法是采用先来先服务的策略。当多个事务请求封锁同一数据对象时,封锁子系统按请求的先后顺序对事务排队,数据对象上的锁一旦释放就批准申请队列中第一个事务获得锁。

10. 请给出预防死锁的若干方法。

答:在数据中,产生死锁的原因是两个或多个事务都已封锁了一些数据对象,然后又都请求已被其他事务封锁的数据加锁,从而出现死锁等待。

防止死锁的发生其实就是要破坏产生死锁的条件。预防死锁通常有以下两种方法:

(1) 一次封锁法,要求每个事务必须一次将所有要使用的数据全部加锁,否则就不能执行。

(2) 顺序封锁法,预先对数据对象规定一个封锁的顺序,所有事务都按这个顺序实行封锁。

11. 请给出预测死锁发生的一种方法,发生死锁后如何解除死锁?

答:数据库系统一般采用允许死锁发生,DBMS 检测死锁后加以解除的方法。

DBMS 中诊断死锁的方法与操作系统类似,一般使用超时法或事务等待图法。

超时法是:如果一个事务的等待时间超过了规定的时限,就认为发生了死锁。超时实现简单,但有可能误判死锁,例如:当事务因其他原因长时间等待超过时限时,系统就会误认为发生了死锁。若时限设置得太长,又不能及时发现死锁发生。

DBMS 并发控制子系统检测到死锁后,就要设法解除。通常采用的方法是选择一个处理死锁代价最小的事务,将其撤销,释放此事务持有的使用锁,使其他事务得以继续运行下去。当然,对撤销的事务所执行的数据修改操作必须加以恢复。

12. 什么样的并发调度是正确的调度?

答:可串行化(Serializable)的调度是正确的调度。

可串行化调度的定义为:多个事务的并发执行是正确的,当且仅当其结果与按某一次串行执行它们时的结果相同,称这种调度策略为可串行化的调度。

13. 设 T_1、T_2、T_3 是如下 3 个事务:

$T_1: A:=A+2;$

$T_2: A:=A*2;$

$T_3: A:= A**2;(A \leftarrow A^2)$

设 A 的初值为 0。

(1) 若这 3 个事务允许并行执行,则有多少可能的正确结果?请一一列举出来。

(2) 请给出一个可串行化的调度,并给出执行结果。

(3) 请给出一个非串行化的调度,并给出执行结果。

(4) 若这 3 个事务都遵守两段锁协议,请给出一个不产生死锁的可串行化调度。

(5) 若这 3 个事务都遵守两段锁协议,请给出一个产生死锁的调度。

答:

(1) 因为 A 的最终结果可能有 2、4、8、16,且串行的执行次序有 $T_1 T_2 T_3$、$T_1 T_3 T_2$、$T_2 T_1 T_3$、$T_2 T_3 T_1$、$T_3 T_1 T_2$、$T_3 T_2 T_1$,故对应的执行结果是 16、8、4、2、4、2。

(2) 可串行化的调度如表 2-9-4 所列。

表 2 - 9 - 4 可串行化的调度

T_1	T_2	T_3
Slock A		
Y=A=0		
UnLock A		
Xlock A		
	Slock A	
A=Y+2	等待	
写回 A(=2)	等待	
Unlock A	等待	
	Y=A=2	
	Unlock A	
	Xlock A	
		Slock A
	A=Y+2	等待
	写回 A(=4)	等待
	UnLock A	等待
		Y=A=4
		Unlock A
		Xlock A
		A=Y*2
		写回 A(=16)
		UnLock A

最后结果 A 为 16,是可串行化的调度。

(3)非可串行化调度如表 2 - 9 - 5 所列。

表 2 - 9 - 5 非可串行化调度

T_1	T_2	T_3
Slock A		
Y=A=0		
UnLock A		
	Slock A	
	Y=A=0	
Xlock A	UnLock A	
等待		
A=Y+2		Slock A
写回 A(=2)		等待
UnLock A		Y=A=2
		UnLock A
	Xlock A	Xlock A
	等待	Y=Y**2
	等待	写回 A(=4)
	等待	UnLock A
	A=Y*2	
	写回 A(=0)	
	Unlock A	

最后结果 A 为 0,为非串行化的调度。

（4）不产生死锁的可串行化调度如表 2-9-6 所列。

表 2-9-6　不产生死锁的可串行化调度

T_1	T_2	T_3
Slock A		
Y=A=0		
Xlock A		
A=Y+2	Slock A	
写回 A(=2)	等待	
UnLock A	等待	
	Y=A+2	
	Xlock A	
	等待	Slock A
	A=Y＊2	等待
	写回 A(=4)	等待
	UnLock A	等待
		Y=A=4
	UnLock A	
		Xlock A
		A=Y＊＊2
		写回 A(=16)
		UnLock A
		UnLock A

（5）产生死锁的调度如表 2-9-7 所列。

表 2-9-7　产生死锁的调度

T_1	T_2	T_3
Slock A		
Y=A=0		
	Slock A	
	Y=A=0	
Xlock A		
等待		
	Xlock A	
	等待	
		Slock A
		Y=A=0
		Xlock A
		等待

14. 试述两段锁协议的概念。

答:两段锁协议是指所有事务必须分两个阶段对数据项加锁和解锁。

在对任何数据进行读、写操作之前,首先要申请并获得对该数据的封锁。

在释放一个封锁之后,事务不再申请和获得任何其他封锁。

"两段"的含义是事务分为两个阶段:

第一个阶段是获得封锁,也称为扩展阶段。在这个阶段,事务可以申请获得任何数据项上的任何类型的锁,但是不能释放任何锁。

第二个阶段是释放封锁,也称为收缩阶段。在这个阶段,事务释放已经获得的锁,但是不能再申请任何锁。

第10章 关系系统及其查询优化

10.1 知识框架与学习要求

本章首先讲解关系数据库查询处理的步骤和实现查询操作的算法。查询处理是RDBMS的核心工作,是RDBMS语句处理中最重要、最复杂的部分。

为了提高关系数据库系统的执行效率,RDBMS必须进行查询优化;由于关系查询语言(如SQL)具有较高的语义层次,使RDBMS可以进行查询优化。这就是RDBMS查询优化的必要性和可能性。因此,关系数据库系统查询优化的基本概念和方法是本章的重点内容,包括启发式代数优化、基于规则的存取路径优化和基于代价的优化等方法。

(1)需要了解的:查询处理的基本步骤是查询分析、查询检查、查询优化和查询执行。

(2)需要牢固掌握的:关系系统的查询优化;查询优化的方法。

(3)需要了解设计方法的:优化算法,包括代数优化算法和物理优化算法。

10.2 习题与解答

1. 试给出各类关系系统的定义:最小关系系统;关系上完备的系统;全关系型的关系系统。

答:(1)最小关系系统:一个系统可定义为最小关系系统,当且仅当它:

① 支持关系数据库(关系数据结构),从用户观点看,关系数据库由表构成,并且只有表这一种结构。

② 支持选择、投影和(自然)连接运算,对这些运算不必要求定义任何物理存取路径。

(2)关系上完备的系统:这类系统支持关系数据结构和所有的关系代数操作(或者功能上与关系代数等价的操作)。

(3)全关系型的关系系统:这类系统支持关系模型的所有特征,即不仅是关系上完备的而且是支持数据结构中域的概念,支持实体完整性和参照完整性。

2. 试述全关系型系统应满足的12条准则,以及12条基本准则的实际意义和理论意义。

答:关系模型的奠基人E.F.Codd具体地给出了全关系型的关系系统应遵循的

12条基本准则。从实际意义上看,这12条准则可以作为评价或购买关系型产品的标准。从理论意义上看,它是对关系数据模型具体而深入的论述。

准则0 一个关系型的 DBMS 必须能完全通过它的关系能力来管理数据库。

准则1 信息准则。关系型 DBMS 的所有信息都应在逻辑一级上用一种方法即表中的值显式地表示。

准则2 保证访问准则。依靠表名、主码和列名的组合,保证能以逻辑方式访问关系数据库中的每个数据项(分量值)。

准则3 空值的系统化处理。全关系型的 DBMS 应支持空值的概念,并用系统化的方式处理空值。

准则4 基于关系模型的动态的联机数据字典。数据库的描述在逻辑级应该和普通数据采用同样的方式,使得授权用户可以使用查询一般数据所用的关系语言来查询数据库的描述信息。

准则5 统一的数据语言准则。

准则6 视图更新准则。所有理论上可更新的视图也应该允许由系统更新。

准则7 高级的插入、修改和删除操作。

准则8 数据物理独立性。无论数据库的数据在存储表示或存取方法上做任何变化,应用程序和终端活动都保持逻辑上的不变性。

准则9 数据逻辑独立性。当对基本关系进行理论上信息不受损的任何改变时,应用程序和终端活动都保持逻辑上的不变性。

准则10 数据完整性的独立性。关系数据的完整性约束条件必须是用数据库语言定义并存储在数据字典中的,而不是在应用程序中加以定义的。

准则11 分布独立性。关系型 DBMS 具有分布独立性。

准则12 无破坏准则。如果一个关系系统具有一个低级(指一次处理一个记录)语言,则这个低级语言不能违背或无视完整性准则。

3. 试述查询优化在关系数据库中的重要性和可能性。

答:(1)重要性:关系系统的查询优化既是 RDBMS 实现的关键技术又是关系系统的优点。它减轻了用户选择存取路径的负担。用户只需提出"干什么",不必指出"怎么干"。

查询优化的优点不仅在于用户不必考虑如何最好地表达查询以获得较高的效率,而且在于系统可以比用户程序的优化做得更好。

(2)可能性:这是因为:

① 优化器可以从数据字典中获取许多统计信息,例如关系中的元组数、关系中每个属性值的分布情况、这些属性上是否有索引以及是什么索引(B+树索引、HASH 索引、唯一索引、组合索引)等。优化器可以根据这些信息选择有效的执行计划,而用户程序则难以获得这些信息。

② 如果数据库的物理统计信息改变了,系统可以自动对查询进行重新优化以选

择相适应的执行计划。在非关系系统中必须重写程序,而重写程序在实际应用中往往是不太可能的。

③ 优化器可以考虑数十甚至数百种不同的执行计划,从中选出较优的一个,而程序员一般只能考虑有限的几种可能性。

④ 优化器中包括了很多很复杂的优化技术,这些优化技术往往只有最好的程序员才能掌握。系统的自动优化相当于使得所有人都拥有这些优化技术。

4. 对学生-课程数据库进行如下查询:

```
SELECT Cname
FROM Student, Course, SC
WHERE Student. Sno = SC. Sno
    AND SC. Cno = Course. Cno
    AND Student. Sdept = 'IS';
```

此查询要求信息系学生选修了的所有课程名称。试画出用关系代数表示的语法树,并用关系代数表达式优化算法对原始的语法树进行优化处理,画出优化后的标准优化树。

答:优化后的标准优化树如图 2-10-1 所示。

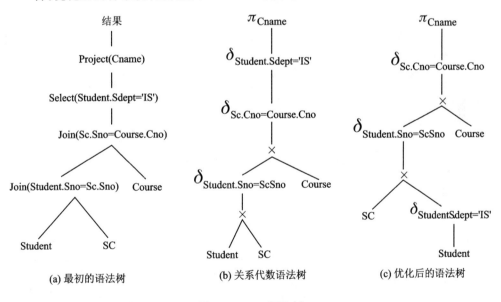

图 2-10-1 语法树

5. 试述查询优化的一般准则。

答:下面的优化策略一般能提高查询效率:

(1) 选择运算尽可能先做。

(2) 把投影运算和选择运算同时进行。

(3) 把投影同其或其后的双目运算结合起来执行。

（4）把某些选择同在它前面执行的笛卡儿积结合起来成为一个连接运算。

（5）找出公共子表达式。

（6）选取合适的连接算法。

6．试述查询优化的一般步骤。

答：各个关系系统的优化方法不尽相同。查询优化的一般步骤可以归纳如下：

（1）把查询转换成某种内部表示，常用的内部表示是语法树。

（2）把语法树转换成标准（优化）形式，即利用优化算法把原始的语法树转换成优化的形式。

（3）选择低层的存取路径。

（4）生成查询计划，选择代价最小的。

第三篇　课程设计

　　本篇是为数据库课程设计、开放性实验等实践性环节设计的综合性实验。本篇通过两个数据库管理系统的课程设计示例使学生对系统开发的各个环节建立初步的认知,帮助学生进一步理解数据库系统的基本理论知识和基本设计方法。

第1章　课程设计要求

1.1　课程设计的目标与任务

数据库课程设计,就是为学生提供一次在实际环境中使用数据库工具获取实践经验的机会。通过课程设计,使学生对数据库系统有一个完整的、全面的认识,提高动手能力的同时,提高分析问题和解决问题的综合应用能力。

课程设计要求学生通过数据库系统设计的训练,能够比较熟练地掌握数据库的基本理论和方法,熟练掌握 E-R 概念模型、规范化理论及应用,熟练掌握 SQL Server 等 DBMS 的使用方法,掌握数据库设计的一般步骤和相应文档的编制,能够设计、调试、运行数据库脚本并生成数据库。具体任务是针对某一信息维护功能(如图书管理),进行需求分析和系统设计,根据系统应具备的基本功能合理地设计建立数据库的各种表,实现相应信息的录入,建立必要的索引,完成日常信息检索和统计,对不同信息设置合理的权限并进行访问等。

设计环境和开发工具如下:

(1) 操作系统:Windows 2000(或更高版本)。

(2) 数据库管理系统:建议选用 Microsoft SQL Server。

数据库设计的主要任务如下:

(1) 需求分析,根据设计任务书给出的背景资料,查找相关资料,结合自己的生活经验,对数据进行分析,编写详细的数据字典。

(2) 概念结构设计:在需求分析的基础上,设计 E-R 模型,详细描述实体的属性和实体之间的联系,消除冗余。

(3) 逻辑结构设计:实现 E-R 图向关系模型的转换,特别注意实体的 $1:n$ 联系,优化数据模型,详细说明实体与属性之间的关系,以及实体之间的关系。

1.2　设计内容

1.2.1　实验一:模型设计

实验要求如下:

(1) 数据调查、业务流图、数据流图、数据字典;

(2) 系统的局部和全局概念模式设计(E-R 图设计)。

(3) 将全局模式设计的结果向关系模型转换并进行关系规范化。

1.2.2　实验二:数据库生成

实验要求如下:

(1) 在 SQL Server 中实现数据库和表。

(2) 进行数据库的完整性设计,创建约束、存储过程和触发器。

(3) 设计数据库的索引和视图。

(4) 根据设计内容实施数据库。

(5) 编写设计报告。

1.3　设计报告要求

设计报告按照参考设计所列格式及提纲的要求书写。

1.4　参考选题

在下列参考选题中任选一项完成课程设计或自行选题。

1.4.1　图书借阅管理数据库

背景资料:

(1) 图书室有各种图书共 10 000 多册。

(2) 每种图书都有书名、书号(ISBN)、一名或多名作者(译者)、出版社、定价和内容简介。

(3) 借书证记录有借阅者的姓名、所在单位、职业等。

(4) 借阅者凭借书证借书,每次最多能借 8 本书。借书期限最长为 30 天。

设计要求:

(1) 进行需求分析,编写数据字典。

(2) 设计 E－R 图。

(3) 实现新进图书的数据录入。

(4) 实现对所有购进图书的分类查询和分类统计。

(5) 能够按书名、作者等分类查询现有图书的数量。

(6) 记录借阅者的个人资料和所借图书的书名、书号数据等。

1.4.2　员工薪资管理数据库

背景资料:

（1）某单位现有 1 000 名员工，其中包括管理人员、财务人员、技术人员和销售人员。

（2）该单位下设 4 个科室，即经理室、财务科、技术科和销售科。

（3）工资由基本工资、福利补贴和奖励工资构成，失业保险和住房公积金在工资中扣除。

（4）每个员工的基本资料包括姓名、性别、年龄、单位和职务（如经理、工程师、销售员等）。

（5）每人每月的最高工资不超过 3 000 元。工资按月发放，实际发放的工资金额为工资减去扣除金额。

设计要求：

（1）进行需求分析，编写数据字典。

（2）设计 E-R 图。

（3）实现按照科室录入个人的基本资料、工资和扣除金额的数据。

（4）计算个人的实际发放工资。

（5）按科室、职务分类统计人数和工资金额。

（6）实现分类查询。

（7）能够删除离职人员的数据。

1.4.3　库存物资管理数据库

背景资料：

（1）有一个存放商品的仓库，每天都有商品出库和入库。

（2）每种商品都有名称、生产厂家、型号、规格等。

（3）出／入库时必须填写出／入库单据，该单据包括商品名称、生产厂家、型号、规格、数量、日期、时间、入库单位（或出库单位）名称、送货（或提货）人姓名。

设计要求：

（1）进行需求分析，编写数据字典。

（2）设计 E-R 图。

（3）设计出／入库单据的录入。

（4）实现按商品名称、出／入库日期的查询。

（5）实现分别按日、月和年对出／入库商品数量的统计。

1.5　任务安排

（1）每个学生（或至多三人为一组）选择一个题目，独立完成设计任务。

（2）提交完整的设计报告和源程序清单。

1.6 考 核

（1）根据课程设计的完成情况和设计报告综合评定课程设计的考核结果。

（2）如果教师认定为抄袭，则双方成绩为 0 分。

第 2 章　参考设计 1——酒店管理系统设计

2.1　背景说明

目前大多数酒店都提供多种服务,虽然规模各不相同,但稍具规模的酒店必含三类服务:餐饮、住宿和娱乐。

由于我们对酒店行业没有具体的接触和实质性的了解,故此次数据库设计仅简单模仿中等规模的酒店设计管理系统,并将其抽象成一个由四部门组成、实现三大服务的系统。

2.2　部门的划分

2.2.1　餐饮部门

餐饮部门是酒店的基本部门之一。它提供服务的特点是实时性强,持续时间短,强调效率。例如:顾客人数不定,顾客所用的菜与饮料等种类繁多,数量不等;后勤各种活动如采购等频繁发生。通过分析发现,用人工完成此类操作比计算机更具实效与时效,且此类信息也没有长时间保留的必要,因此这些信息没有必要采用数据库管理。对于餐饮部门,需要较长时间保留的信息主要是财务信息,一方面便于期末汇总,另一方面便于向上级报告。

在规模较大的酒店餐饮服务部门,餐厅可分成几个等级或几个小部门,然后各自形成小系统。本系统为了简单起见,把餐饮部门作为一个子系统,不再细分。

2.2.2　住宿管理部门

住宿管理部门也是酒店基本部门之一。住宿管理部门的主要职责有:

(1) 给每个房间布置设备、分类、编号、制定收费标准、分配服务人员。

(2) 登记旅客信息,确认其身份,登记其入住、退房时间。

(3) 统计各类房间的客满程度。

(4) 对本部门的财务流动进行登记处理。

以上信息处理可以通过计算机完成,其他不便于计算机操作的在此没有列出。

2.2.3　娱乐管理部门

娱乐是酒店非主流服务,它的存在除了赢利,更多的是为了吸引顾客食宿。娱乐部门的特点与餐饮部门很相似,不便于使用计算机进行操作。可以用计算机完成并且有必要用计算机完成的有:

(1) 制定收费标准,分配负责人。

(2) 收入/支出财务处理:编号、财务来源/去向的摘要、数量、单价、数额、结余、经手人等。

这些信息都需要长时间保留并上报。

2.2.4　经理部门

经理部门的功能虽然不是面向顾客,也不是酒店的服务项目之一,但它的存在却是必不可少的。经理部门的主要职责如下:

(1) 管理员工。给员工编号,登记其基本信息;根据员工的平时表现及工龄确定工资;此外,还要给员工分配工作部门及职务等。

(2) 划分部门。给个部门编号、命名、确定其职责范围、任命部门经理、分配员工。

(3) 对本部门的财务进行核算(支付工资等)。

(4) 期末对酒店的收益情况进行核算。

2.3　各子系统的功能

虽然酒店按功能可以划分成四个部门,但是餐饮部门的大部分工作手工操作效率比计算机操作效率更高,如前所述,便于计算机操作的只有财务处理。在划分子系统时,考虑到各子系统都有各自的财务处理,且有相似性,所以就把它们归为统一的一个财务子系统。同时餐饮子系统取消,因为它的所有需要涵盖的功能都已包含在财务子系统中。因此,该酒店管理系统共划分为四部分:总经理子系统、财务子系统、住宿子系统和娱乐子系统。

2.3.1　总经理子系统

总经理子系统的功能如下:

(1) 对新来的员工进行编号、登记、分配工作。员工实体包括:员工号、姓名、性别、年龄、工龄、级别、部门号、职务、备注等属性。

(2) 对于被辞退的员工从系统中级联删除其信息,如从员工表中删除其基本信息,从他所服务的工作部门中删除该员工的工作名额,结算支付其工资、奖金;同时补充新的员工,代替他的工作。

（3）对新增部门做各种初始工作，如编号、命名、任命经理等。部门实体包括部门号、名称、部门经理、员工数量等属性。

（4）取消某个部门时，核算该部门的财务情况，并备份保存；同时对该部门的员工重新分配工作。

（5）其他情况的处理。

总经理子系统的数据流图如图 3－2－1 所示。

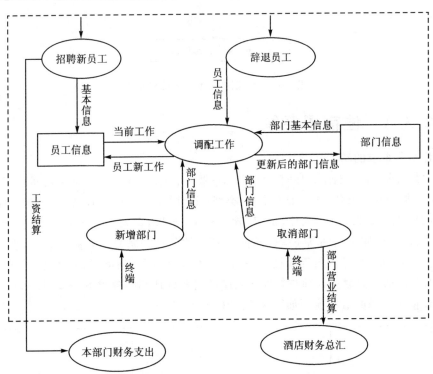

图 3－2－1　总经理子系统的数据流图

2.3.2　财务子系统

财务子系统的功能如下：

（1）每天的收入、支出登记，相关属性有：编号、发票号、摘要、数量、单位、数额、经手人、日期等。

（2）期末各子系统的财务汇总，相关属性有：编号、上月余额、总收入、总支出、余额、经手人、日期等。

（3）期末酒店汇总个部门的财务报表，结算本酒店收益，相关属性有：编号、部门号、部门名称、收入、支出、净收入、经手人、日期等。

财务子系统的数据流图如图 3－2－2 所示。

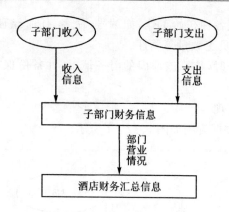

图 3-2-2　财务子系统的数据流图

2.3.3　住宿子系统

住宿子系统的功能如下:

(1) 来客登记。若多人住同一房间,则只做一个记录。客人信息包括房间号、房间类别、客人数量、联系人名、身份、证件名称(类型)、证件号码、入住时间、退房时间等属性。

(2) 房间管理。旅客入住(退房)除了登记(删除)客人信息之外,还应对相关的记录进行修改,如房间的状态等。房间类别实体包括类别号、名称、设备、收费标准、总数量、剩余量、管理人员等属性。房间实体包括房间号、房间类型、状态等属性。

(3) 该部门的财务处理与餐饮子系统的财务处理都归到财务子系统。

住宿子系统的数据流图如图 3-2-3 所示。

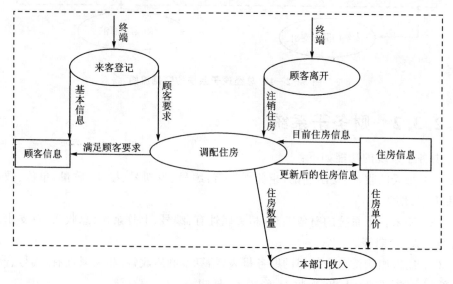

图 3-2-3　住宿子系统的数据流图

2.3.4　娱乐子系统

娱乐子系统的功能如下：

(1) 添加新的娱乐项目。娱乐项目实体包括娱乐项目编号、名称、收费标准、负责人等属性。

(2) 取消某娱乐项目。

(3) 财务处理同样归到财务子系统。

娱乐子系统的数据流图如图 3－2－4 所示。

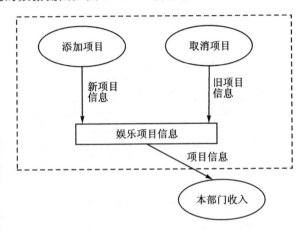

图 3－2－4　娱乐子系统的数据流图

2.4　数据字典

2.4.1　数据项

数据项列表如表 3－2－1 所列。

表 3－2－1　数据项及其说明

编　号	数据项名称	说明部分
1	员工号	整数类型，有唯一性
2	姓名	文本类型，长度为 10 字符
3	性别	枚举类型，男、女
4	年龄	整数类型，18，…，100
5	工龄	整数类型，0，…，100

续表 3 - 2 - 1

编　号	数据项名称	说明部分
6	部门号	数字串类型,有唯一性
7	名称	文本类型
8	职务	枚举类型,根据公司的制度而定
9	级别号	整数类型
10	级别名	文本
11	工资	整数类型
12	部门经理	参照"员工号"
13	负责人	参照"员工号"
14	经手人	参照"员工号"
15	员工数量	整数类型
16	房间类型	枚举类型如单人间、双人标准间等
17	设备	文本,说明设备情况
18	收费标准	不同的实体有不同的单位
19	总数量	某一等级房间的数量
20	剩余量	某一等级房间的尚可用数
21	房间号	数字串类型,有唯一性
22	状态	该房是否已被入住,枚举类型
23	客人数量	某一房间所住的人数
24	身份	登记旅客的目前住址
25	证件类型	文本类型
26	证件号码	整数类型
27	入住时间	格式:**/**
28	退房时间	格式:**/**
29	编号	在各系统有不同意义,有唯一性
30	发票号	按固定格式输入
31	摘要	收入/支出来源/去向的摘要
32	数量	整数类型
33	单价	不同的系统有不同的单位
34	备注	文本类型
35	日期	格式:**/**

2.4.2　数据结构

数据结构及其属性如表 3-2-2 所列。

表 3-2-2　数据结构及其属性

编　号	数据结构名称	属　　　性
1	员工信息	员工号、姓名、性别、年龄、工龄、级别、部门、职务、备注
2	部门	部门号、名称、部门经理、员工数量
3	酒店财务总汇	编号、部门号、名称、收入、支出、净利、日期、经手人、备注
4	部门营业情况	编号、发票号、摘要、单价、数量、数额、日期、经手人、备注
5	房间类别	类别号、名称、设备、收费标准、总数量、剩余量、管理人员
6	房间	房间号、房间类别、状态
7	客人信息	房间号、客人数量、联系人姓名、身份、证件类型、证件号码、入住时间、退房时间、备注
8	娱乐项目	编号、名称、收费标准、负责人

2.4.3　数据流

数据流列表如表 3-2-3 所列。

表 3-2-3　数据流列表

编　号	数据流名称	输　　入	输　　出
1	员工基本信息	招新员工	员工信息
2	工资结算	员工信息	总经理处财务支出
3	当前员工工作	员工信息	调配工作
4	员工新工作	调配工作	员工信息
5	辞工信息	辞老员工	调配工作
6	部门基本信息	部门信息	调配工作
7	更新后的部门信息	调配工作	部门信息
8	新部门基本信息	新增部门	调配工作
9	旧部门信息	取消旧部门	调配工作
10	顾客基本信息	来客登记	顾客信息
11	顾客需求	住房登记	调配住房
12	满足顾客要求	调配住房	顾客信息

编　号	数据流名称	输　　入	输　　出
13	顾客住房信息	顾客信息	调配住房
14	目前住房信息	住房信息	调配住房
15	更新后的住房信息	调配住房	住房信息
16	住房单价	住房信息	住宿管理部门收入
17	住房数量	调配住房	住宿管理部门收入
18	新娱乐项目信息	添加新项目	娱乐项目信息
19	旧娱乐项目信息	取消旧项目	娱乐项目信息
20	数额	娱乐管理部门收入	娱乐管理部门信息
21	项目单价	娱乐项目信息	娱乐管理部门收入
22	支出情况	子部门支出	子部门财务信息
23	收入情况	子部门收入	子部门财务信息
24	部门营业情况	子部门财务信息	酒店财务总汇信息

2.4.4　数据存储

数据存储与数据流的关系如表 3-2-4 所列。

表 3-2-4　数据存储列表

数据存储名称	输入数据流	输出数据流	说明部分
员工信息	员工基本信息 员工新工作	工资结算 当前员工工作	
部门信息	更新后的部门信息	当前部门信息	
经理处财务信息	经理处财务支出 经理处财务收入	部门营业情况	
顾客信息	顾客基本信息 满足顾客要求		
住房信息	更新后的住房信息	目前的住房信息 住房单价	
娱乐项目信息	新娱乐项目信息 旧娱乐项目信息	娱乐项目单价	
子部门财务信息	收入情况 支出情况	部门营业情况	
酒店财务总汇信息	部门营业情况		

2.4.5 处理过程

处理过程如表 3 - 2 - 5 所列。

表 3 - 2 - 5 处理过程列表

处理过程名称	输入数据流	输出数据流	说明部分
招新员工	终端	员工基本信息	
辞老员工	终端	员工基本信息	
调配工作	当前员工工作 员工基本信息 当前部门基本信息	员工新工作 更新后的部门信息	
新增部门	终端	部门基本信息	
取消部门	终端	部门基本信息 部门营业结算	
来客登记	终端	顾客基本信息 顾客需求	
顾客离开		终端 注销住房	
调配住房	顾客需求 注销住房 目前住房信息	更新后的住房信息 住房数量 满足顾客要求	
住宿管理部门收入	住房数量 住房单价		
添加新项目	终端	新项目信息	
取消旧项目	终端	旧项目信息	
娱乐管理部门	娱乐项目单价		
部门收入	终端	收入情况	
部门支出	终端	支出情况	

2.5 概念结构设计过程

经过可行性分析、详细调查以及多次讨论,确定所开发的酒店管理系统由娱乐管理部门、经理管理部门、住宿管理部门和财务管理部门四个子系统组成。

系统的结构设计过程采用自底向上的设计方法,即首先定义各局部应用的概念结构,然后将它们集成起来,得到全局概念结构。

下面给出各个子系统的分析、分E-R图的设计以及对其进行的各项调整。

2.5.1 总经理子系统

总经理子系统的功能包括:

(1) 管理员工:给员工编号,登记其基本信息。根据员工的平时表现确定其出勤工资及根据等级确定其固定工资,从而确定其实际工资,此外还要给员工分配工作部门等。

(2) 划分部门:给各部门编号、命名、确定其职责范围、任命部门经理、分配员工。

(3) 对本部门的财务进行核算(支付工资等)。

根据需求分析给出的数据流图,参照数据字典中的详细描述,给出总经理子系统的分E-R图(如图3-2-5所示)。

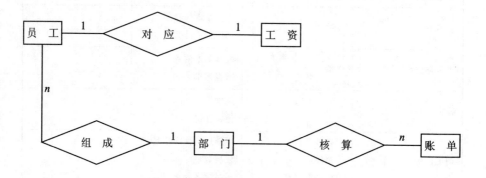

图3-2-5 总经理子系统的分E-R图

对E-R图按照以下准则进行调整:

(1) 现实世界中的事物能作为属性对待的尽量作为属性对待。

(2) 属性和实体的划分原则:属性中不具有需要描述的信息,即属性是不可分的数据项,不再包含其他信息。

实体属性定义如下:

员工(员工号,姓名,性别,年龄,工龄,级别,部门号,职务,备注)

工资(员工号,等级,实际工资,基本工资,出勤工资)

部门(部门号,名称,部门经理,员工数量)

账单(编号,发票号,摘要,收入数,支出数,日期,经手人,备注)

具体调整如下:

(1) 员工本应对应一个领导关系,但这里为了简便,就用员工的"等级"属性来表示员工之间的领导关系。

(2) 工资本应作为员工的一项属性,但这里需要强调员工对应的出勤工资(由出勤情况决定),因此将它单独作为一个实体。

（3）部门对应的账单本应属于财务子系统的内容，这里为了简化财务子系统，先在各个子系统中进行财务总结，因此将账单也作为一个实体。

2.5.2 财务管理子系统

财务管理子系统的功能包括：

（1）对各个部门交上来的收支情况进行汇总，得出各个部门的损益情况。

（2）对整个酒店各个部门的损益情况进行汇总登记，得出本期酒店的损益。

（3）将整个酒店的收益情况下发给各个部门，做到账务公开。

财务管理子系统的分E-R图如图3-2-6所示。

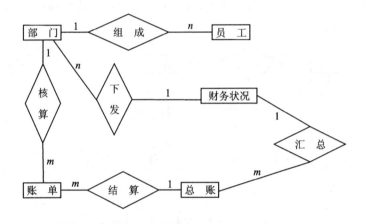

图3-2-6 财务管理子系统的分E-R图

实体属性定义如下：

部门（部门号，名称，部门经理，员工数量）

员工（员工号，姓名，性别，年龄，工龄，级别，部门号，职务，备注）

账单（编号，发票号，摘要，收入数，支出数，日期，经手人，备注）

总账（编号，部门号，收入，支出，净利，日期，经手人，备注）

财务状况（时期，总收入，总支出，净利润）

对E-R图调整的准则：

（1）现实世界中的事物能作为属性对待的尽量作为属性对待。

（2）属性和实体的划分：属性中不具有需要描述的信息，即属性是不可分的数据项，不再包含其他信息。

具体调整如下：

员工本应对应一个领导关系，但为了简便起见，就用员工的"等级"属性来表示员工之间的领导关系。

2.5.3　娱乐管理子系统

娱乐管理子系统的功能如下:

(1) 为各个项目制定收费标准,分配负责人。

(2) 收入/支出财务处理:编号、财务来源/去向的摘要、数量、单价、数额、结余、经手人等信息。

(3) 对在部门内进行娱乐活动的顾客收费,并根据折扣规则给予顾客相应的折扣。

(4) 对部门内部进行账务处理。

根据要求分析给出的数据流图,参照数据字典中的详细描述,给出娱乐管理子系统的分 E-R 图(如图 3-2-7 所示)。

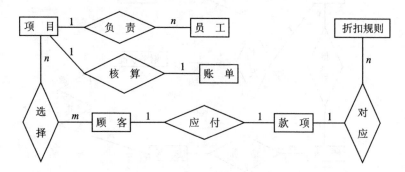

图 3-2-7　娱乐管理子系统的分 E-R 图

实体属性定义如下:

项目(编号,名称,所在位置,收费标准,负责人)

员工(员工号,姓名,性别,年龄,工龄,级别,部门号,职务,备注)

顾客(顾客号,级别,姓名,年龄,性别,证件号码,证件名称,所选项目,使用时间,备注)

款项(顾客号,级别,使用时间,应收款,实际收款,折扣)

折扣规则(级别,折扣情况)

账单(编号,发票号,摘要,收入数,支出数,日期,经手人,备注)

对 E-R 图调整的准则如下:

(1) 现实世界中的事物能作为属性对待的尽量作为属性对待。

(2) 属性和实体的划分:属性中不具有需要描述的信息,即属性是不可分的数据项,不再包含其他信息。

具体调整如下:

(1) 员工本应对应一个领导关系,但这里为了简便,就用员工的"等级"属性来表示员工之间的领导关系。

（2）款项本可以作为顾客的一个属性来设置，但这里为了强调对顾客的折扣情况，需要对款项进行进一步的描述，因此这里作为一个实体。

（3）对顾客所采取的折扣规则，本应根据顾客的实际消费量来划定，这里为了方便起见，给每位顾客添加了一个"级别"属性，用以对应采取的折扣规则。

（4）部门对应的账单本应属于财务子系统的内容，这里为了简化财务子系统，先在各个子系统中进行财务总结，因此将账单也作为一个实体。

2.5.4　住宿管理子系统

住宿管理子系统的功能如下：

（1）给各房间布置设备、分类、编号、制定收费标准、分配服务人员。

（2）登记旅客信息，确认其身份，登记其入住时间、退房时间。

（3）接受顾客的预订服务，对于已预定的客房进行登记的处理。

（4）统计各类房间的客满程度。

（5）对本部门的财务流动进行登记处理。

根据需求分析给出的数据流图，参照数据字典中的详细描述，给出住宿管理部门的分E-R图（如图3-2-8所示）。

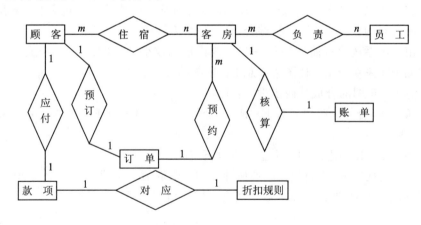

图3-2-8　住宿管理部门的分E-R图

实体属性定义如下：

顾客（顾客号，级别，姓名，年龄，性别，证件类型，证件号码，入住时间，退房时间，备注）

客房（客房号，类别，位置，设备，收费标准，管理人员，状态）

员工（员工号，姓名，性别，年龄，工龄，级别，部门，备注）

款项（顾客号，级别，使用时间，应收款，实际收款，折扣）

折扣规则（级别，折扣情况）

订单（订单号，入住时间，顾客号，客房号，经手人，备注）

账单(编号,发票号,摘要,收入数,支出数,日期,经手人,备注)

对 E-R 图调整的准则如下：

(1) 现实世界中的事物能作为属性对待的尽量作为属性对待。

(2) 属性和实体的划分：属性中不具有需要描述的信息，即属性是不可分的数据项，不再包含其他信息。

具体调整如下：

(1) 员工本应对应一个领导关系，但这里为了简便，就用员工的"等级"属性来表示员工之间的领导关系。

(2) 款项本可以作为顾客的一个属性来设置，但这里为了强调对顾客的折扣情况，需要对款项进行进一步的描述，因此这里作为一个实体。

(3) 对顾客所采取的折扣规则，本应根据顾客的实际消费额来划定，这里为了方便起见，给每位顾客添加了一个"级别"属性，用以对应应采取的折扣规则。

(4) 部门对应的账单本应属于财务子系统的内容，这里为了简化财务子系统，先在各个子系统中进行财务总结，因此将账单也作为一个实体。

2.5.5　合成总 E-R 图

完成了以上四个子系统的分 E-R 图设计及其调整的整个过程后，接着要做的就是将所有的分 E-R 图进行综合，合成一个系统的总 E-R 图。

由于本系统比较简单，分 E-R 图规模也比较小，所以 E-R 图合成过程采用一次将四个子系统分 E-R 图集成总 E-R 图的方式。

总 E-R 图的合成分两步进行：

第一步：合并。解决各分 E-R 图之间的冲突，将各分 E-R 图合并起来生成初步 E-R 图。

各分 E-R 图之间的冲突主要有以下三类：

(1) 属性冲突：主要包括属性域冲突和属性取值单位冲突。其中的属性域冲突，即属性值的类型、取值范围或取值集合不同。由于本系统较简单，所以并不存在这种冲突。

(2) 命名冲突：包括同名异义及异名同义。由于本系统较简单，所以不存在这类冲突。

(3) 结构冲突：第一种结构冲突是指同一对象在不同应用中具有不同的抽象，本系统在需求分析阶段原本存在这种冲突，考虑到后期的简化合并，我们在设计各个分 E-R 图时就先解决了这个问题，即将在任何一个分 E-R 图中作为实体出现的属性全部作为实体；第二种结构冲突是指同一实体在不同分 E-R 图中所包含的属性个数和属性排列次序不完全相同，由于本系统较简单，所以并不存在这种冲突。

第二步：修改和重构。

消除不必要的冗余，生成基本 E-R 图。

由于本系统涵盖的内容比较少,基本不存在冗余现象,所以初步 E-R 图就是基本 E-R 图,不必再进行调整。

下面给出总 E-R 图(如图 3-2-9 所示)。

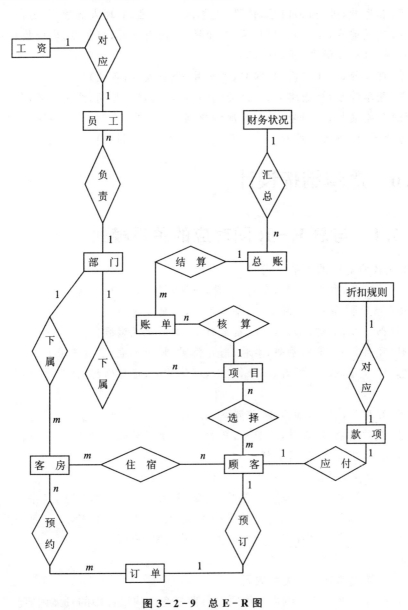

图 3-2-9 总 E-R 图

实体及其属性定义如下:

员工(员工号,姓名,性别,年龄,工龄,级别,部门号,职务,备注)

工资(员工号,等级,实际工资,基本工资,出勤工资)

部门(部门号,名称,部门经理,员工数量,财务状况编号)

项目(项目编号,部门号码,名称,所在位置,收费标准,负责人号)

顾客(顾客号,级别,姓名,年龄,性别,证件号码,证件名称,所选项目,使用时间,备注)

客房(客房号,类别,部门号,位置,设备,收费标准,管理人员号,状态)

款项(款项编号,顾客号,项目号,折扣级别,使用时间,应收款,实际收款)

折扣规则(折扣级别,折扣情况)

订单(订单号,入住时间,顾客号,客房号,经手人号,备注)

账单(账单编号,总账编号,发票号,收入数,支出数,日期,经手人号,备注)

总账(总账编号,部门号,财务状况编号,收入,支出,净利,日期,经手人号,备注)

财务状况(财务状况编号,时期,总收入,总支出,净利润)

2.6 逻辑结构设计

2.6.1 与总 E-R 图对应的关系模式

(1) 实体所对应的关系模式如下:

员工(员工号,姓名,性别,年龄,工龄,级别,部门号,职务,备注)

工资(员工号,等级,实际工资,基本工资,出勤工资)

部门(部门号,名称,部门经理,员工数量,财务状况编号)

项目(项目编号,部门号码,名称,所在位置,收费标准,负责人号)

顾客(顾客号,级别,姓名,年龄,性别,证件号码,证件名称,所选项目,使用时间,备注)

客房(客房号,类别,部门号,位置,设备,收费标准,管理人员号,状态)

款项(款项编号,顾客号,项目号,折扣级别,使用时间,应收款,实际收款)

折扣规则(折扣级别,折扣情况)

订单(订单号,顾客号,经手人号,备注)

账单(账单编号,总账编号,发票号,摘要,收入数,支出数,日期,经手人号,备注)

总账(总账编号,部门号,财务状况编号,收入,支出,净利,日期,经手人号,备注)

财务状况(财务状况编号,时期,总收入,总支出,净利润)

说明:

① 下加横线部分表示关系的码。

② 以上各个关系的详细内容说明请参照概念结构设计中的具体内容。

③ 以上各个关系对概念结构设计中的相关内容做了修改,主要加了各个实体之间的联系,尤其是一对多的联系,纳为属性。

(2) 联系所对应的关系模式如下:

① 把客房和订单之间的 $n:m$ 的预约联系转化为相应的关系模式如下:

预约(订单号,客房号,预定时间,结束时间)

② 把顾客和房间之间的 $n:m$ 的住宿联系转化为相应的关系模式如下：

住宿(顾客号,客房号,住宿时间)

③ 把顾客和项目之间的 $n:m$ 的选择联系转化为相应的关系模式如下：

选择(顾客号,项目号,发生时间,经手人号,备注)

④ 其他联系处理说明如下：

工资和员工之间的 1:1 联系与员工关系合并；

顾客和订单之间的 1:1 联系与订单关系合并；

折扣规则和款项之间的 1:1 联系与款项关系合并；

员工和部门之间的 $n:1$ 联系与员工关系合并；

部门和财务状况之间的 $n:1$ 联系与部门关系合并；

客房和部门之间的 $n:1$ 联系与客房关系合并；

项目和部门之间的 $n:1$ 联系与项目关系合并；

总账和财务状况之间的 $n:1$ 联系与总账关系合并；

账单和总账之间的 $n:1$ 联系与账单关系合并；

账单和项目之间的 $n:1$ 联系与项目关系合并。

2.6.2 优化后的数据模型

(1) 按照数据依赖对关系模式进行逐一分析,并进行极小化处理。

员工(员工号,姓名,性别,年龄,工龄,级别,部门号,职务,备注);BCNF

工资(员工号,等级,实际工资,基本工资,出勤工资);BCNF

部门(部门号,名称,部门经理,员工数量,财务状况编号);BCNF

项目(项目编号,部门号码,名称,所在位置,收费标准,负责人号);BCNF

顾客(顾客编号,级别,姓名,年龄,性别,证件号码,证件名称,所选项目,备注);BCNF

优化说明:删除了"使用时间",一是因为"使用时间"对于顾客的属性必要性不强,二是因为"使用时间"在别的关系中也可以查询到。

客房(客房号,类别,部门号,位置,设备,收费标准,管理人员号,状态);BCNF

款项(款项编号,顾客号,项目号,折扣级别,使用时间,应收款,实际收款);BCNF

折扣规则(折扣级别,折扣情况);BCNF

订单(订单号,顾客号,经手人号,备注);BCNF

账单(账单编号,总账编号,发票号,摘要,收入数,支出数,日期,经手人号,备注);BCNF

总账(总账编号,部门号,财务状况编号,收入,支出,日期,经手人号,备注);BCNF

优化说明:删除了"净利"。这一项根据收入、支出可以计算,而且并不经常对它进行查询。

财务状况(财务状况编号,时期,总收入,总支出,净利润);1NF

优化说明:"净利润"没有删除。在这一项上查询比较频繁,如果每次查询都计算,必然使系统计算增加,性能降低。保留下来虽然造成了一定的冗余,但提高了查询的效率,利大于弊。

预约(订单号,客房号,预定时间,结束时间);3NF

住宿(顾客号,房间号码,住宿时间);3NF

选择(顾客号,项目号,发生时间,经手人号,备注);3NF

(2) 对关系模式进行必要的分解。

因公司内人员进行查询时,一般只用到自己所属单位的信息,故可把人员关系按部门进行水平分解,以提高查询效率。

水平分解前:

员工(员工号,姓名,性别,年龄,工龄,级别,部门号,职务,备注)

水平分解后:

负责人员(员工号,姓名,性别,年龄,工龄,级别,部门号,职务,备注)

服务人员(员工号,姓名,性别,年龄,工龄,级别,部门号,职务,备注)

经手人员(员工号,姓名,性别,年龄,工龄,级别,部门号,职务,备注)

2.6.3　用户子模式(视图)设计

(1) 总经理子系统用户子模式如下:

员工(员工号,姓名,级别,部门号,职务,部门经理,实际工资)

因为经理对于员工的其他情况不会经常关注,经常使用的只有以上各项,所以在经理子系统上设立员工关系。

(2) 住宿子系统用户子模式如下:

客房(客房号,位置,设备,收费标准,管理人员号,状态)

因为管理员工对于客房的其他情况不会经常使用,经常使用的只有以上各项,所以在住宿子系统上设立客房关系。

(3) 住宿管理子系统用户子模式如下:

顾客(顾客编号,住宿号,姓名,级别,应收款,使用时间,备注)

因为对于顾客的情况管理经常使用的是以上各项,所以在住宿管理子系统上设立顾客关系。

2.7　物理结构设计

2.7.1　存储结构设计

经分析可知,本酒店管理系统中信息处理的特点如下:

（1）饮食、住宿、娱乐三大部门的数据不仅经常需要查询，而且更新速度快，例如住宿部门的来客查询与登记，以及房间的动态分配等。

（2）各个部门要求共享的信息较多。例如员工信息、来客信息等，但财务信息一般不共享。

（3）经理部门有一定的特殊职能：汇总财务信息；对于被辞退的员工从系统中级联删除其信息，如从员工表中删除其基本信息，从他所服务的工作部门中删除该员工的工作名额，结算支付其工资、奖金；同时补充新的员工，代替他的工作。

针对上述特点，设计如下。

1. 确定数据库的存放位置

为了提高系统性能，现根据应用情况将数据按照易变部分和稳定部分、经常存取部分和存取频率较低的部分分别在两个磁盘上存放。同时，考虑到本系统是多用户的，为了提高效率，数据库的备份数据和日志文件将分别保存。

经常存取的数据包括：

员工（员工号，姓名，性别，年龄，工龄，级别，部门号，职务，备注）

工资（员工号，等级，实际工资，基本工资，出勤工资）

客房（客房号，类别，部门号，位置，设备，收费标准，管理人员号，状态）

款项（款项编号，顾客号，项目号，折扣级别，使用时间，应收款，实际收款）

折扣规则（折扣级别，折扣情况）

项目（项目编号，部门号码，名称，所在位置，收费标准，负责人号）

顾客（顾客编号，级别，姓名，年龄，性别，证件号码，证件名称，所选项目，备注）

存取频率较低的数据包括：

部门（部门号，名称，部门经理，员工数量，财务状况编号）

账单（账单编号，总账编号，发票号，摘要，收入数，支出数，日期，经手人号，备注）

订单（订单号，顾客号，经手人号，备注）

总账（总账编号，部门号，财务状况编号，收入，支出，日期，经手人号，备注）

财务状况（财务状况编号，时期，总收入，总支出，净利润）

2. 确定系统配置

酒店管理系统需要的计算机数量和规模都不必太大，但在系统设计时应考虑到酒店的发展需求，在选择硬件设备、服务器操作系统、数据库时都考虑到能够逐步增加和扩展。

本酒店管理系统选用了 Windows 系统作为计算机的操作系统，它有较好的使用界面并能够充分发挥出计算机硬件的作用，比较适合酒店这样的机构；另外，选用了目前应用最多的 SQL Server 数据库。

由于涉及酒店的财务管理，数据的完整性和安全性显得尤其重要。系统中的数据一旦丢失，将需要很长时间进行恢复，有时甚至使信息系统不得不从系统初始化阶段重新开始运行。每天进行数据备份是保障系统安全的重要手段。数据备份需要严格按照事先制定的备份与故障恢复策略进行,并落实备份登记和检查措施。

具体的系统配置应当根据系统实际运行情况做进一步的调整。

2.7.2　存取路径设计

对饮食、住宿、娱乐三个子系统的各个关系最常用的操作是查找。假设现有 n 个住宿房间的信息,如果采取顺序查找,平均查找 $n/2$ 次;建立 B+树索引,则平均查找次数为 B+树的层数。

选择 B+树作为索引,具体设计如下:

(1) 对以下经常在查询中出现的关系的码建立索引(说明:下加横线部分表示关系的码):

员工(员工号,姓名,性别,年龄,工龄,级别,部门号,职务,备注)

工资(员工号,等级,实际工资,基本工资,出勤工资)

部门(部门号,名称,部门经理,员工数量,财务状况编号)

客房(客房号,类别,部门号,位置,设备,收费标准,管理人员号,状态)

款项(款项编号,顾客号,项目号,折扣级别,使用时间,应收款,实际收款)

折扣规则(折扣级别,折扣情况)

财务状况(财务状况编号,时期,总收入,总支出,净利润)

(2) 对经常进行连接操作的关系的码建立索引,如员工号,客房号,部门号等。

(3) 由于下面几个关系模式的更新频率很高,所以没有定义索引:

顾客(顾客编号,级别,姓名,年龄,性别,证件号码,证件名称,所选项目,备注)

订单(订单号,顾客号,经手人号,备注)

账单(账单编号,总账编号,发票号,摘要,收入数,支出数,日期,经手人号,备注)

2.7.3　设计评价及说明

上述设计对时间效率、空间效率、维护代价和用户的实际需求做了较好的权衡,从酒店管理的实际出发,以时间效率和用户的实际需求为根本,得出最后的方案。

第3章 参考设计2——网上书店系统设计

3.1 需求描述和系统边界

作为图书销售与电子商务相结合的产物,网上书店具有可降低销售成本、交易活动不受时空限制和信息传递迅速灵活等优势,并受到广大读者的青睐。

网上书店是以网站作为交易平台,将图书的基本信息通过网站发布到 Web 中。然后,客户可通过 Web 查看图书信息并提交订单,实现图书的在线订购。订单提交后,书店职员将对订单及时处理,以保证客户能在最短的时间内收到图书。

一个基于 B2C 的网上书店系统需求描述如下:

系统支持 4 类用户:游客、会员、职员和系统管理员。游客可以随意浏览图书及网站信息,但只有在注册为网站会员后才能在线购书。游客注册成功后即为普通会员,当购书金额达到一定数量时可升级为不同等级的 VIP 会员,以享受相应的折扣优惠。会员登录系统后,可进行的主要操作有:通过不同方式(如查询书名、作者、出版社等)搜索图书信息、网上订书、在线支付、订单查询与修改、发布留言等。书店工作人员以职员身份登录后,可进行的主要操作有:维护与发布图书信息、处理订单、安排图书配送和处理退货等。系统管理员的主要职责是维护注册会员和职员的信息。

对于该网上书店所设计的数据库 E－R 图和关系模式,要求保存所需的全部信息,并高效地支持上述各种应用。网上书店功能比较复杂,目前所做的设计未包含网上支付和退货功能。

3.2 需求分析

需求分析即分析用户需求,是设计数据库的第一步。该步骤主要是通过详细调查现实世界要处理的对象,并在此基础上确定系统的功能。下面主要分析网上书店的业务需求、功能需求和业务规则等。

3.2.1 业务需求分析及处理流程

业务需求分析是根据现实世界的对象需求,描述应用的具体业务处理流程,并分析哪些业务可以由计算机完成,哪些业务不能由计算机完成。

网上书店的主要业务包括:图书信息发布与查询、订购图书、处理订单并通知配送公司送书等。图 3－3－1 给出了网上书店的核心业务——订单生成和订单受理的处理流程。

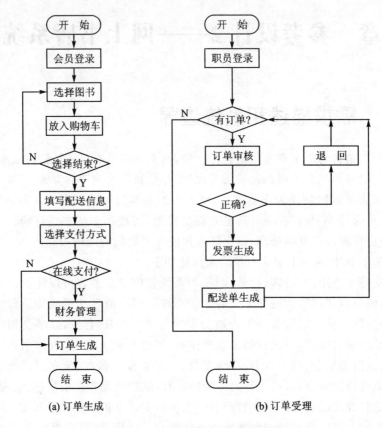

(a) 订单生成　　　　　　　　　(b) 订单受理

图 3 – 3 – 1　网上书店的核心业务流程

3.2.2　功能需求分析

功能需求分析用来描述系统应提供的功能和服务。根据上述需求描述和业务流程,并与实际网上书店工作人员沟通,现将网上书店的主要功能汇总如下。

1. 注册管理

(1) 会员注册。会员注册时要求填写基本信息,包括姓名、登录密码、性别、出生年月、地址、邮政编码、电话和电子邮箱等信息。系统检查所有信息填写正确后提示**会员**注册成功,并返回会员编号。

(2) 职员注册。书店工作人员以职员身份注册并填写基本信息,包括姓名、登录密码、性别、出生年月、部门、薪水、住址、电话和电子邮箱等信息。系统检查所有信息填写正确后提示注册成功,并返回职员编号。

2. 图书管理

(1) 增加图书信息。当有新书发布时,书店职员负责添加和发布**图书**信息,包括

ISBN、书名、作者、版次、类别、出版社、出版年份、定价、售价、内容简介和目录等。

（2）图书信息查询。网站需要提供多种方便、快捷的方式进行图书检索，如既可输入指定关键词进行简单查询，也可根据 ISBN、书名、作者、出版社、出版年份等单一或组合条件进行查询。

（3）图书信息更新及删除。图书信息发布后，职员可随时更新和删除图书信息。

3. 在线订书

会员登录网站后，将需订购的图书放入**购物车**中并填写购买数量。购物车内的图书可以随意增加、删除和修改数量，并能及时统计购物车内的图书总价格。

选书完成后，会员还需填写配送信息、发票单位并选择支付方式（在线支付或货到付款）。配送信息默认为会员注册时填写的基本信息，也可填写新的配送信息，包括收货人、送货地址、邮政编码及联系电话等。确认所填写的信息无误后，提交生成订单。每个订单要求记录订单号（按时间顺序生成）、客户号、订书日期、订书总金额、收货人、收货地址、邮政编码、联系电话、付款方式、订单状态、订单明细（包括书号、书名、数量、价格）和发票单位等。如果选择了在线支付方式，则还需进行网上结算。若余额不足，则取消订单（本设计对此不做考虑）。

4. 订单管理

（1）订单查询。订单提交后，会员可随时查询订单的最新状态以及全部历史订单。

（2）订单取消及更新。订单未审核前，允许会员取消订单及更新订单信息。

（3）订单受理。订单生成后，职员对订单进行审核。如发现订单信息填写不正确，则退回客户重新填写。如正确无误，则安排配送。

5. 配送管理

一个订单所订购的图书可拆分成不同的配送单发货。每张**配送单**包括配送单编号、收货人、收货地址、邮政编码、联系电话、送书明细（包括书名及数量），并填写一张**发票**。发票内容包括发票单位名称和总金额等信息。

6. 出版社信息管理

网上书店直接从出版社采购图书。为方便查询出版社信息，要求保存和维护出版社信息，包括出版社编号、出版社名称、出版社地址、邮政编码、联系人、联系电话、传真和电子邮箱等属性。

7. 配送公司信息管理

网上书店通过配送公司将图书送到会员手中。为方便查询配送公司信息，要求保存和维护配送公司信息，包括公司编号、公司名称、公司地址、邮政编码、联系人、联系电话、传真和电子邮箱等属性。

8. 留言管理

（1）发布留言。会员可在网站发表留言或言论。**留言**需记录留言人、留言内容、发布时间等信息。

(2) 回复留言。书店职员可回复留言,并记录回复人、回复时间及回复内容等。

9. 用户管理

(1) 会员升级。系统可对会员进行分级,当会员购书总金额达到一定数额时即成为不同级别的用户,以享受相应的折扣优惠。

(2) 会员信息维护。系统管理员和会员可修改、删除和更新会员信息。

(3) 职员信息维护。系统管理员和职员可修改、删除和更新职员信息。

3.2.3 业务规则分析

业务规则分析主要是分析数据之间的约束以及数据库约束。基于上述功能需求,并通过进一步实际了解,网上书店的业务规则汇总如下:

(1) 所有用户均可搜索图书信息,但只有注册会员才能在网上提交订单;只有注册职员才能维护图书信息和受理订单。

(2) 每位会员由会员编号唯一标识,会员编号由系统按时间顺序生成。

(3) 每位职员由职员编号唯一标识,职员编号由系统按时间顺序生成。

(4) 普通会员购书总额达到 10 000 元,即升级为三级 VIP 会员,享受 9.5 折优惠;购书总额达到 20 000 元,升级为二级 VIP 会员,享受 9 折优惠;购书总额达到 30 000 元,升级为一级 VIP 会员,享受 8.5 折优惠。

(5) ISBN 是图书的唯一标识。系统需记录每种图书的当前库存数量,当低于某一阈值时,则通知补货。

(6) 选购的图书都必须放入购物车后才能生成订单。

(7) 每个订单用订单编号唯一标识。订单编号由系统按时间顺序生成。

(8) 订单需记录当前状态,包括未审核、退回、已审核和已处理结束等状态。

(9) 同一订单可订购多种图书,且订购数量可以不同。因此,一张订单可包括多个书目明细,包括 ISBN、图书名称、订购数量、订购价格。对订单中的每种图书都需记录其状态,包括未送货、已安排配送和已送达等状态。

(10) 订单受理前允许会员删除所选图书,修改购书数量、配送信息和发票单位,甚至取消订单。但是订单审核通过后,不允许再做任何修改。

(11) 订单中的图书采取先到先发货的原则。若一个订单中的图书未同时有货,可拆分成不同配送单发货;但是,一个订单中的某一种图书只有库存足够时才能安排配送。

(12) 配送单由配送单编号标识。每个订单的配送单编号是由订单编号加上系统按时间顺序生成的流水号组成的。

(13) 每张配送单对应一张发票。发票以发票的实际编号为唯一标识。

(14) 当订单中的某种图书送到后,则更新该书的状态为"已送到"。当订单内全部图书状态为"已送到"时,则更新该订单状态为"已处理结束"。

（15）一种图书只由一家出版社出版，而一家出版社可出版多种图书。

（16）一位会员可发表多条留言，一位职员可回复多条留言。

完成需求分析后，接下来的任务就是根据上述分析结果设计数据库的概念模型，即 E - R 模型，包括确定实体集、联系集及属性。

3.3　设计数据库的概念模型

3.3.1　确定实体集及属性

实体集是具有相同类型及相同性质（或属性）的实体集合。通常，一个实体对应一个事物，是名词。发现实体集的步骤可归纳为：

（1）找出需求分析中出现的具有一组属性的"名词"。

（2）分析这些"名词"信息是否需要存储。对于不需要存储的"名词"不必建模为实体集。

（3）分析这些"名词"是否依赖于其他对象存在。如果是，则可考虑建模为联系或弱实体集。

由 3.2 节的分析可知，网上书店系统中出现的"名词"主要有：**会员**、**职员**、**图书**、**出版社**、**配送公司**、**留言**、**购物车**、**订单**、**配送单**和**发票**等。那么，这些"名词"中有哪些需要建模为实体集呢？

显然，会员、职员、图书、出版社、配送公司、留言等都具有一组属性且部分属性能唯一标识每个实体，而且这些信息需要存储到数据库中以供查询，因此可直接建模为实体集。

购物车用于临时存放购书信息，包括选购图书的书号、名称、订购数量和订购价格。订单成功提交后，购物车中的信息将全部存放到订单中去。当客户放弃购书不生成订单时，购物车中的信息不需保留。由于购物车中的信息无需查询，故不必建模为一个实体集。

订单是网上书店的一个重要"名词"，用于记录一次订书的全部信息。按上述规则，由订单编号唯一标识不同订单，故订单可建模为一个实体集。但是另一方面，订单又反映了会员与图书之间的一种"订书"联系，反映"谁什么时候订购了什么图书，订购了多少"等信息，它对会员和图书具有一定的"依赖"关系。因此，直观上将订单建模为会员与图书之间的联系集更为合适。

同理，也可将配送单建模为配送公司与图书之间的联系集。

发票是提供给会员的购书凭证。每张发票有唯一的发票号，并具有一组属性，故可建模为实体。

综上所述，会员、职员、图书、出版社、配送公司、留言、发票等"名词"可建模为实体集。

确定了实体集后,接下来就是确定各实体集的属性和主码。

确定属性的总原则是,只需要将那些与应用相关的特征建模为实体集的属性。对于网上书店,图书的重量、印刷单位等信息不必建模为图书实体集的属性。

接下来,就是选择由哪些属性来构成实体集的主码,即能唯一标识各个实体的属性或属性集。

确定属性时,有一个容易犯的错误是:**一个实体集将其他实体集的主码作为其属性,而不是使用联系**。换句话说就是,当一个实体集需将另一个实体集的主码作为其属性时,需通过建模为联系来解决。

根据上述原则,各实体集的 E-R 图分别设计如下:

(1) 职员(Employee)实体集。其属性有:职员编号(employeeNo)、登录密码(empPassword)、姓名(empName)、性别(sex)、出生年月(birthday)、部门(department)、职务(title)、薪水(salary)、住址(address)、电话(telephone)和电子邮箱(email)等。图 3-3-2 所示为职员实体集的 E-R 图。

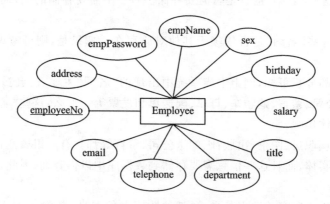

图 3-3-2　职员实体集的 E-R 图

(2) 会员(Member)实体集。其属性有:会员编号(memberNo)、登录密码(memPassword)、姓名(memName)、性别(sex)、出生年月(birthday)、电话(telephone)、电子邮箱(email)、地址(address)、邮编(zipCode)、购书总额(totalAmount)、会员等级(memLevel)和享受折扣(discount)等。会员实体集的 E-R 图如图 3-3-3 所示。

(3) 图书(Book)实体集。其属性有:书号(ISBN)、书名(bookTitle)、作者(author)、出版年份(publishYear)、版次(version)、类别(category)、库存数量(stockNumber)、单价(price)、售价(salePrice)、内容简介(introduction)和目录(catalog)等。注意:出版社名称为出版社实体集的相关属性,应通过建模为联系解决。图 3-3-4 所示为图书实体集的 E-R 图。

(4) 出版社(Press)实体集。其属性有:出版社编号(pressNo)、出版社名称(pressTitle)、地址(address)、邮编(zipCode)、联系人(contactPerson)、联系电话(telephone)、传真(fax)和电子邮箱(email)等。出版社实体集的 E-R 图如图 3-3-5

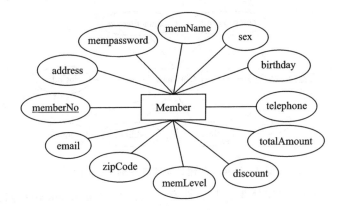

图 3 - 3 - 3 会员实体集的 E - R 图

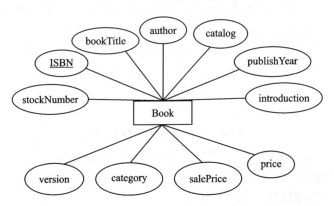

图 3 - 3 - 4 图书实体集的 E - R 图

所示。

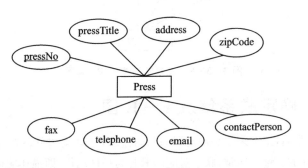

图 3 - 3 - 5 出版社实体集的 E - R 图

（5）配送公司（Company）实体集。其属性有：公司编号（companyNo）、公司名称（companyTitle）、公司地址（address）、邮编（zipCode）、联系人（contactPerson）、电话（telephone）、传真（fax）和电子邮箱（email）等。图 3 - 3 - 6 所示为配送公司实体集的 E - R 图。

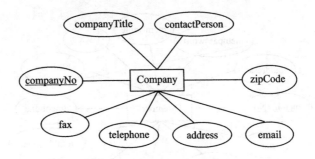

图 3-3-6   配送公司实体集的 E-R 图

（6）留言（Message）实体集。其属性有：留言编号（messageNo）、内容（message-Content）和发布日期（releaseDate）等。注意：留言人和回复人等信息要通过建立会员与留言、职员与留言之间的联系解决。图 3-3-7 所示为留言实体集的 E-R 图。

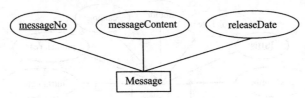

图 3-3-7   留言实体集的 E-R 图

（7）发票（Invoice）实体集。其属性有：发票号（invoiceNo）、发票单位（invoice-Unit）和发票总金额（invoiceSum）等。图 3-3-8 所示为发票实体集的 E-R 图，其中invoiceSum为推导属性。

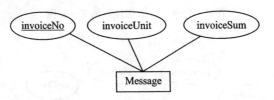

图 3-3-8   发票实体集的 E-R 图

3.3.2   确定联系集及 E-R 图

确定了实体集后，接下来就是确定联系集，即发现实体集之间的数学关系，这是决定 E-R 图设计好坏的关键。通常，联系对应的概念为一种动作，即描述实体间的一种行为。因此，当发现两个或多个实体之间的某种行为需要记录时，可建模为一个联系集。

确定联系集的一个重要任务是分析所建模联系集的映射基数，即参与联系的实体集中的一个实体通过该联系集能同时与另一个实体集中的多少个实体相联系。

同实体集一样，联系集也可以有自己的描述属性。要注意的是，联系集已包含了所有参与该联系的实体集的主码属性，故在 E-R 图中**参与联系的实体集的主码属**

性不要作为联系集的描述属性画出。基于 3.3.1 小节设计得到的实体集,可确定如下联系集:

(1) 会员和图书之间的"订书(Order)"联系集。它是一个多对多联系,其描述性属性有:订单号(orderNo)、订书日期(orderDate)、订购数量(quantity)、订书总金额(orderMoney)、订单状态(orderState)、收货人(receiver)、收货地址(shipAddredd)、邮政编码(zipCode)、联系电话(shipTel)、付款方式(payWay)、是否付款(payFlag)和发票单位(invoiceUnit)等。

(2) 配送公司与图书之间的"配送(Ship)"联系集。它是多对多联系,其描述性属性有:配送单号(shipNo)和配送日期(shipDate)等。

(3) 出版社与图书之间的"供应(Supply)"联系集。它是一对多联系。

(4) 会员与留言之间的"发布(Release)"联系集。它是一对多联系,其描述性属性是:发布日期(releaseDate)。

(5) 职员与留言之间的"回复(Reply)"联系集。它是一对多联系,其描述性属性有:回复日期(replyDate)和回复内容(replyContent)等。

(6) 发票与图书之间的"包含(Include)"联系集。它是多对多联系。

包括上述全部实体集、联系集及其描述性属性的总 E-R 图如图 3-3-9 所示。注意:图中省略了实体集属性。

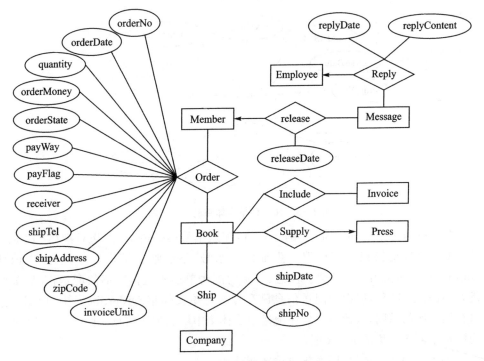

图 3-3-9 网上书店总 E-R 图

3.3.3 优化并集成总 E-R 图

在图 3-3-9 所示的 E-R 图中,订购(Order)和配送(Ship)联系集都是多对多联系。按照 E-R 图的转换规则,多对多联系的主码为两个参与联系实体集的主码的集合。仔细分析,发现该 E-R 图存在如下问题:

(1) 会员不能在不同订单里订购同一种图书。

(2) 配送公司不能在不同配送单中配送同一种书。

(3) 当一次订购多种图书时,联系集 Order 中存在大量信息冗余。

(4) 未反映配送单对订单的依赖关系。

(5) 未反映配送单与发票之间的一对一联系。

因此,可考虑将订单建模为实体集 OrderSheet,将配送单建模为依赖于订单的弱实体集 ShipSheet。

于是,订单实体集 OrderSheet 属性可以确定为:订单号(orderNo)、订单日期(orderDate)、订单总金额(orderMoney)、收货人(receiver)、收货地址(shipAddress)、邮政编码(zipCode)、联系电话(shipTel)、付款方式(payWay)、是否付款(payFlag)、订单状态(orderState)和发票单位(invoiceUnit)等,其 E-R 图如图 3-3-10 所示。注意:订单所涉及的图书和会员信息将分别通过联系集 Order 和 Sale 反映。

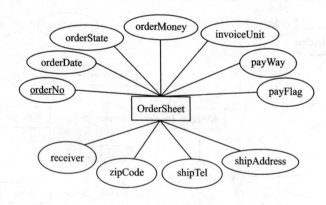

图 3-3-10 订单实体集的 E-R 图

配送单弱实体集 ShipSheet 的属性有:配送单号(shipNo)、配送日期(shipDate)等。配送单号是依赖于订单编号生成的流水号,不能唯一标识任一配送单,因此 ShipSheet 应建模为弱实体集。注意:真实的配送单还应包括图书的配送信息(如收货人、收货地址等),但由于配送信息已存储在订单实体集 OrderSheet 中,根据信息只存储一次的原则,因此不需再在配送单实体集中增加配送信息。图 3-3-11 所示为配送单弱实体集的 E-R 图。

基于新增的实体集,联系集也重新调整如下:

(1) 图书与订单之间建立多对多联系集 Order。

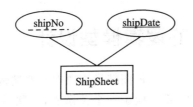

图 3 - 3 - 11 配送单弱实体集的 E - R 图

(2) 会员与订单之间建立一对多联系集 Sale。

(3) 职员预订单之间建立一对多;联系集 Deal。

(4) 订单与配送单之间建立标识联系集 Have。

(5) 配送公司与配送单之间建立一对多联系集 Take。

(6) 发票与配送单之间建立一对一联系集 Own。

(7) 配送单与图书之间建立多对多联系集 Ship。

更新后,网上书店的完整 E - R 图如图 3 - 3 - 12 所示。

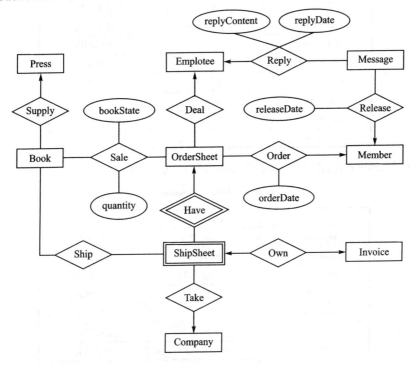

图 3 - 3 - 12 更新后的网上书店总 E - R 图

经检查,图 3 - 3 - 12 所示的 E - R 图已基本包含了全部需求信息描述。但是,仍然发现还存在一些需求在 E - R 图中没有描述出来,如会员自动升级,图书库存数量低于一定数量时要提示补货,订单审核通过后会员不能删除订单等。这类需求不是 E - R 模型能描述的,而是需要通过定义触发器来保证满足这些约束。

3.4 数据库的逻辑模型设计

设计出 E-R 图后,需将 E-R 图转换为数据库的逻辑模式。通常是每个实体集(包括强实体集和弱实体集)都对应于一个关系表,而联系集则是根据映射基数决定具体的转换方式。图 3-3-12 所示的 E-R 图可转为如下数据库逻辑模式,其中主码属性加粗体和下划线,外码属性加粗斜体以示区分。

(1) Employee 表:由 Employee 强实体集转化而来,如表 3-3-1 所列。

表 3-3-1 Employee 表

属性名称	数据类型	属性描述
employeeNo	char(8)	员工编号
empPassword	varchar(10)	登录密码
empName	varchar(12)	员工姓名
sex	char(1)	员工性别
birthday	datetime	出生日期
department	varchar(30)	所属部门
title	varchar(10)	职务
salary	numeric	薪水
address	varchar(40)	员工住址
telephone	varchar(15)	员工电话
email	varchar(20)	员工邮箱

(2) Member 表:由 Member 强实体集转化而来,如表 3-3-2 所列。

表 3-3-2 Member 表

属性名称	数据类型	属性描述
memberNo	char(9)	会员编号
memPassword	varchar(10)	登录密码
memName	varchar(12)	会员姓名
sex	char(1)	会员性别
birthday	datetime	出生日期
telephone	varchar(15)	会员电话
email	varchar(20)	会员邮箱
address	varchar(40)	会员住址
zipCode	char(6)	邮政编码
totalAmount	numeric	购书总额
memLevel	char(1)	会员等级
discount	float	享受折扣

（3）Book 表：由 Book 强实体集和 Supply 联系集共同转化而来，如表 3-3-3 所列。由于 Supply 是一对多联系，因此可将 Supply 合并到"多"方实体集的 Book 表中来。

表 3-3-3　Book 表

属性名称	数据类型	属性描述
ISBN	char(17)	书号
bookTitle	varchar(30)	书名
author	varchar(40)	作者
publishDate	dateline	出版年份
version	Int	版次
stockNumber	Int	库存数量
price	numeric	单价
salePrice	numeric	售价
category	varchar(20)	分类号
introduction	varchar(500)	内容简介
catalog	varchar(500)	目录
pressNo	char(12)	出版社编号

（4）Press 表：由 Press 强实体集转化而来，如表 3-3-4 所列。

表 3-3-4　Press 表

属性名称	数据类型	属性描述
pressNo	char(12)	出版社编号
pressName	varchar(20)	出版社名称
address	varchar(40)	出版社地址
zipCode	char(6)	邮政编码
contactPerson	varchar(12)	联系人
telephone	varchar(15)	联系电话
fax	varchar(15)	传真
email	varchar(20)	电子邮箱

（5）留言 Message 表：由 Message 强实体集和 Release、Reply 两个联系集共同转化而来，如表 3-3-5 所列。由于联系集 Release 和 Reply 都是一对多联系，故都可合并到 Message 表中来。

表 3 - 3 - 5　Message 表

属性名称	数据类型	属性描述
messageNo	char(10)	留言编号
emloyeeNo	char(8)	回复职员编号
memberNo	char(9)	发布者编号
releaseNo	datetime	发布时间
messageContent	varchar(100)	留言内容
replyContent	varchar(100)	回复内容
replyDate	datetime	回复时间

（6）OrderSheet 表：由 OderSheet 强实体集以及 Deal 和 Order 联系集转化而来，如表 3 - 3 - 6 所列。由于联系集 Deal 和 Order 都为一对多联系，故都可合并到 OrderSheet 表中来。

表 3 - 3 - 6　OrderSheet 表

属性名称	数据类型	属性描述
orderNo	char(15)	订单编号
memberNo	char(9)	会员编号
employeeNo	char(8)	员工编号
orderDate	datetime	订货日期
orderMoney	numeric	订单金额
payWay	char(1)	付款方式
payFlag	char(1)	是否付款
orderState	char(1)	订单状态
invoiceUnit	varchar(40)	发票单位
receiver	varchar(20)	收货人
zipCode	char(6)	邮政编码
shipAddress	varchar(40)	送货地址
shipTel	varchar(15)	联系电话

（7）Sale 表：由多对多联系集 Sale 转化而来，如表 3 - 3 - 7 所列。

表 3 - 3 - 7　Sale 表

属性名称	数据类型	属性描述
orderNo	char(15)	订单编号
ISBN	char(17)	书号
quantity	int	订购数量
bookState	char(1)	状态

（8）Company 表：由 Company 强实体集转化而来，如表 3-3-8 所列。

表 3-3-8　Company 表

属性名称	数据类型	属性描述
companyNo	char(12)	公司编号
companyName	varchar(20)	公司名称
address	varchar(40)	公司地址
zipCode	char(6)	邮政编码
contactPerson	varchar(12)	联系人
telephone	varchar(15)	联系电话
fax	varchar(20)	传真
email	varchar(20)	电子邮箱

（9）ShipSheet 表：由 ShipSheet 弱实体集以及 Own 和 Take 联系集转化而来，如表 3-3-9 所列。由于 Own 为一对一联系，Take 为一对多联系，故可合并到 ShipSheet 表中来。

表 3-3-9　ShipSheet 表

属性名称	数据类型	属性描述
shipNo	char(12)	配送编号
orderNo	char(15)	订单编号
shipDate	datetime	配送日期
companyNo	char(12)	配送公司编号
invoiceNo	char(10)	发票编号

（10）Ship 表：由 Ship 联系集转化而来，如表 3-3-10 所列。由于 Ship 为多对多联系集，不能与任一实体集合并，故单独建立一个表。

表 3-3-10　Ship 表

属性名称	数据类型	属性描述
shipNo	char(3)	配送单号
orderNo	char(15)	订单编号
ISBN	char(17)	书号

（11）Invoice 表：由强实体集 Invoice 转化而来，如表 3-3-11 所列。

通常，如果能仔细分析用户需求，并正确识别出所有的实体集和联系集，由 E-R 图生成的数据库模式往往不需要太多的进一步模式分解。然而，如果一个实体集中的属性之间存在函数依赖关系(不包括主码依赖关系),则需要根据函数依赖理论将其规范化。

表 3 - 3 - 11 Invoice 表

属性名称	数据类型	属性描述
invoiceNo	char(10)	发票编号
invoiceUnit	varchar(40)	发票单位
invoiceSum	numeric	发票金额

仔细分析上述关系表,可以发现 Member 关系模式中存在一个对非主属性的函数依赖关系:memLevel→discount。由此导致的问题是数据冗余,即每一个相同等级会员都需要存放 discount 信息。该模式不满足 BCNF 范式。因此,需要对 Member 进行分解。依据 BCNF 分解算法,Member 可分解为以下两个模式:

NewMember(**memberNo**, mempassword, memName, sex, birthday, telephone, email, address, zip-Code, totalAmount, *memLevel*)

MemberLevel(**memLevel**, discount)

可以验证,关系模式 NewMember 和 MemberLevel 都满足 BCNF 要求,且分解是无损分解(因为公众属性 memLevel 是 MemberLevel 的主码)。

3.5 小结与反思

至此,我们给出了一个基本的网上书店的需求分析、概念数据库设计(E - R 模型)和逻辑数据库设计(关系数据库模式)的设计全过程。但是,本实例未考虑网上结算与退货功能。在上述设计的基础上,有待进一步考虑的功能有:

(1)增加客户退货功能,客户可在三包期内退货。

(2)增加网上结算功能,包括客户存款和结账付款等。

(3)实现图书销售排行榜以及查询畅销图书、滞销图书信息等功能。

第四篇　模拟试卷及参考答案

　　本篇收录了九套模拟试卷及其参考答案,题型涵盖填空题、选择题、判断题、简答题、计算题等,可供学生练习和自我检测,帮助学生切实领会并加深理解数据库技术的相关知识,同时了解自己的知识掌握程度。

模拟试卷一

一、填空题

1. 数据模型描述了系统的静态特性、_____和完整性约束条件,它由数据结构、数据操作和_____三部分组成。

2. 关系模型是由若干个_____组成的集合,其主要特征是用二维表格结构表达实体集,用_____表示实体间联系。

3. 关系操作的对象是_____,操作的结果是_____。

4. 在关系中,候选码是_____,它可能不是唯一的。选作元组标识的候选码称为_____。

5. 在嵌入式 SQL 中,游标的类型有_____和_____两种。

6. SQL 语言中,数据操纵功能包括 SELECT、_____、INSERT、DELETE 四个语句,核心语句是_____。

7. 关系数据库的数据定义功能包括三部分,即定义基本表、定义_____、定义_____。

8. 关系模式设计得不好,会存在插入异常、删除异常、_____、冗余大等弊病,因此必须对关系进行_____。

9. 人们已经提出了许多种类型的数据依赖,其中最重要的是_____、_____。

10. 当数据库出现故障时,要对数据库进行恢复,恢复的原理是_____,常用的技术是数据转储和_____。

11. 一个职工关系模式为(职工号,姓名,性别,车间号,职称),可以作为该模式的候选码的是_____;一个车间关系模式为(车间号,地点,面积),其中车间号可以作为其候选码,则职工关系模式中的外码为_____。

12. 设有学生表(学号,姓名,所在系名)和选课表(学号,课程号,成绩),现要建立统计每个系选课人数的视图,请补全下列语句:

CREATE VIEW V1(系名,人数) AS

SELECT 所在系名,_____

FROM 选课表 JOIN 学生表 ON 选课表 . 学号＝学生表 . 学号

_____

13. DBMS 通常提供_____来控制不同的用户访问数据库中数据的权限,其目的是为了数据库的_____。

14. 需求分析阶段是数据库设计的第_____阶段,其基本任务是回答_____。

15. Oracle 是一种_____数据库，它的程序设计语言是_____。

16. 面向应用领域的数据库新技术有工程数据库、_____、_____等。

17. 当前几乎所有的 DBMS 控制并发用户时都采用一种以_____为基础的并发控制机制。在数据库并发控制中，两个或更多的事务同时处于相互等待的状态，称为_____。

18. 为避免数据被破坏时的损失，有必要对数据进行备份。Oracle 的备份有两种，它们是_____和_____。

19. SQL 具有_____、数据查询、数据操作、_____四项功能。

20. 关系模型有两种形式化查询语言，即_____与_____，每个查询都可以用它们来表达，它们的表达能力是等价的。

二、选择题

1. 使用二维表格结构表达实体及实体间联系的数据模型是（　　）。

　　A. 层次模型　　　　B. 网状模型　　　　C. 联系模型　　　　D. 关系模型

2. 在关系数据库中，视图（View）是三级模式结构中的（　　）。

　　A. 内模式　　　　B. 模式　　　　C. 存储模式　　　　D. 外模式

3. 下列选项中，（　　）属于关系数据库的专门关系代数运算。

　　A. 并、交、差、除　　　　　　　　B. 创建数据库、删除元组、排序元组

　　C. 选择、投影、连接、除　　　　　D. 选择、投影、笛卡儿积

4. 关系数据库系统能够实现的、传统的集合运算包括（　　）。

　　A. 并、交、差、广义笛卡儿积　　　B. 创建数据库、删除元组、排序元组

　　C. 选择、投影、连接　　　　　　　D. 选择、投影、笛卡儿积

5. 设有如下关系 R，则 $\pi_{A,B}(\sigma_{A='a' \cup C='f'}(R))$ 的运算结果为（　　）。

A	B	C
a	b	c
d	a	f
a	b	d

A.

A	B
a	b
a	b

B.

A	B
a	b

C.

A	B	C
a	b	c
a	b	d

D.

A	B
a	b
d	a

6. 在关系数据库中,SQL 指( )。

    A. Selected Query Language   B. Procedured Query Language

    C. Standard Query Language   D. Structured Query Language

7. SQL 语言集数据查询、数据操纵、数据定义和数据控制功能于一体,语句 ALTER TABLE 的功能是( )。

    A. 数据查询   B. 数据操纵   C. 数据定义   D. 数据控制

8. 在关系数据库中,关系模式设计得不好会产生异常操作,如删除异常。删除异常是指( )。

    A. 应该删除的数据未被删除   B. 不该插入的数据被插入

    C. 不该删除的数据被删除   D. 应该插入的数据未被插入

9. 若关系模式 R 中没有非主属性,则( )。

    A. R 属于 2NF,但 R 不一定属于 3NF

    B. R 属于 3NF,但 R 不一定用于 BCNF

    C. R 属于 BCNF,但 R 不一定属于 4NF

    D. R 属于 4NF

10. 下列关于关系的叙述中不正确的是( )。

    A. 关系中的每个属性是不可分解的

    B. 在关系中元组的顺序是无关紧要的

    C. 任意一个二维表都是一个关系

    D. 一个关系可以有多个索引

11. 在 SQL 的使用上,常有两种使用方法,它们是( )。

    A. 提示式与解释式   B. 多用户与单用户

    C. 独立使用与嵌入使用   D. 编译式使用与解释式使用

12. 一个 $m:n$ 联系转换为一个关系模式,关系的码为( )。

    A. 某个实体的码   B. 各实体码的组合

    C. n 端实体的码   D. 任意一个实体的码

13. 在概念模型中,属性用于描述事物的特征或性质。下列关于属性的说法中正确的是( )。

    ① 一个实体集中的属性名要唯一。

    ② 属性一般用名词或名词短语命名。

    ③ 一个属性的值可以取自不同的域。

    ④ 实体集的标识属性能够唯一识别实体集中每一个实体。

    ⑤ 标识属性的取值不能重复,但可以为空。

    A. 仅①③⑤   B. 仅①②④   C. 仅②④⑤   D. 仅②③④

14. 若要求分解保持函数依赖,那么模式分解一定能够达到的是( )。

    A. 2NF   B. 3NF   C. BCNF   D. 1NF

15. 数据库保护的几个方面中,不包括(　　)。
　　A. 控制数据冗余　　　　　　　　B. 并发控制
　　C. 完整性保护　　　　　　　　　D. 故障恢复

16. 1级封锁协议加上事务 T 要读取的数据 R 加 S 锁,这是(　　)。
　　A. 3级封锁协议　　　　　　　　B. 4级封锁协议
　　C. 2级封锁协议　　　　　　　　D. 1级封锁协议

17. 一个 E-R 图有 A 实体和 B 实体,并且它们之间存在着 m、n 的联系,将其换成关系模型时,为了消除冗余,最好有(　　)个关系模式。
　　A. 1　　　　　B. 2　　　　　C. 3　　　　　D. 4

18. "实体"是信息世界广泛使用的一个术语,它可用于表示(　　)。
　　A. 有形的事物　　　　　　　　　B. 无形的事物
　　C. 实际存在的事物　　　　　　　D. 想表示的事物

19. 下列关于函数依赖的说法中正确的是(　　)。
　　A. 函数依赖研究一个关系中记录之间的依赖关系
　　B. 函数依赖研究一个关系中属性之间的依赖关系
　　C. 函数依赖研究一个关系中主码与外码之间的依赖关系
　　D. 函数依赖研究一个关系中某列不同行之间取值的依赖关系

20. 事务是数据库中非常重要的概念。下列关于事务的说法中错误的是(　　)。
　　A. 当数据库出现事务故障或系统故障时,可以通过数据库日志文件进行恢复
　　B. 事务并发执行可能导致数据错误,采用三级加锁协议可以保证数据的一致性
　　C. 为了检测死锁,DBMS 会在执行每个事务时检测事务等待图中是否出现回路
　　D. DBMS 可以采用先来先服务的方式防止活锁现象的出现

三、名词解释

1. 关系模型

2. 主属性

3. 视图

4. 外码

5. 并发性控制

四、问答题

1. 简述参照完整性规则及其目的,并举例说明。

2. 数据库出现故障的种类有哪些?

3. 简述 DBMS 对数据库的安全性控制功能包括哪些手段。

五、数据库设计题

1. 假设有一个关系,用来记录每个人的身份证号、姓名和工作单位,还包含他/她的每个孩子的身份证号、姓名和出生地,以及他/她所拥有的每辆汽车的牌号和型号。由现实世界的已知事实得知:

(1) 有一些人可能有若干辆汽车,这些汽车可能是同一型号,也可能是不同型号;有一些人没有汽车;如果某人有汽车,他的每辆汽车都有一个汽车牌号。

(2) 有一些人可能有若干个孩子,有一些人没有孩子。

初步设计的关系模式如下:

R(身份证号,姓名,工作单位,C身份证号,C姓名,C出生地,汽车牌号,型号),其中"C身份证号,C姓名,C出生地"对应孩子的身份证号、姓名和出生地。

请将该关系模式分解成 BCNF 的关系模式,并确定主码。

2. 假设某单位有一销售利润登记表,记录各部门分年度,季度销售利润。该表的栏目随着年份的增加而增加,如表 4-1-1 所列。现在该单位想使用关系数据库来存储表中的数据,请根据表 4-1-1 设计一个关系数据库,其中各个关系必须属于 BCNF 的关系。

表 4-1-1　销售利润登记表

部门编号	部门名称	1996				1997				...
		1季度	2季度	3季度	4季度	1季度	2季度	3季度	4季度	...
1001	A									
1002	B									
...	...									

3. 假设某学校的图书馆要建立一个数据库,以保存读者、书和读者借书记录。为了建立该数据库,需要先设计概念模型,即设计 E-R 图,然后再将概念模型转换为关系模型。请根据以下要求设计出 E-R 图:

读者的属性有:读者号、姓名、年龄、地址和单位。

每本书的属性有:书号、书名、作者和出版社。

对每个读者借的每本书有:借出日期和应还日期。

六、计算题

1. 关系运算。已知关系 R、S 和 T 如表 4-1-2～表 4-1-4 所列,求关系代数 R∩S 和 R ▷◁ T 的运算结果。

表 4-1-2 关系 R

编号	姓 名	院系号
9801	李一	01
9802	王一	02
9803	张一	03

表 4-1-3 关系 S

编号	姓 名	院系号
9802	王一	03
9804	刘四	02
9803	张一	02

表 4-1-4 关系 T

院系号	院系名
01	计算机系
02	信息系
03	管理系

2. 请将下面用 FoxPro 语言实现的操作改为用等价的 SQL 语言实现。

(1) ＊FoxPro 语言:

USE student   //打开 student 库

REPLACE ALL 年龄 WITH 年龄＋1   //将属性年龄值都加 1

(2) ＊FoxPro 语言:

USE course   //打开 course 数据库

DELETE ALL FOR 课程号:"101"   //将课程号为 101 的记录删除

3. (1) 设有四个基本表,即表 4-1-5~表 4-1-8。

表 4-1-5 关系 S

供应商号	供应商名	城 市
S_1	N_1	北京
S_2	N_2	北京
S_3	N_3	上海

表 4-1-6 关系 SPJ

供应商号	零件号	工程号	零件数量
S_1	P_1	J_1	100
S_1	P_1	J_2	200
S_2	P_2	J_1	50
S_2	P_3	J_3	300
S_2	P_4	J_2	150
S_3	P_1	J_4	250

表 4-1-7 关系 J

工程号	工程名	工程城市
J_1	JN1	北京
J_2	JN2	南京
J_3	JN3	上海
J_4	JN4	天津

表 4-1-8 关系 P

零件号	零件名	颜 色	重量/kg
P_1	PN1	红	10
P_2	PN2	绿	20
P_3	PN3	白	15
P_4	PN4	红	30

① 用 SQL 语句或关系代数表示如下查询:查询使用供应商 S_1 所供应零件的工程号。

② 用 SQL 语句表示如下查询:查询同时向 J_1 工程和 J_2 工程提供零件的供应商号。

③ 请用 SQL 语句查询使用四种以上不同零件的工程的工程号、工程名、工程城市和零件数量合计,记录要求按零件数量合计从大到小排序。

(2) 设某学院有 STUDENT 和 SC 两个基本表,分别如表 4-1-9、表 4-1-10 所列。请建立选课数为 10 门以上的学生的学号、姓名、系名、最低分、平均分和选课门数的视图 SSC。

表 4-1-9 STUDENT

学 号	姓 名	年 龄	性 别	系 名	…

表 4-1-10 SC

学 号	课程号	成 绩

参考答案

一、填空题

1. 动态特性;数据约束

2. 关系模式;外码

3. 集合;集合

4. 能唯一标识元组的属性或属性集合;主码

5. 隐式;显式

6. UPDATE;SELECT

7. 视图;索引

8. 更新异常;规范化

9. 函数依赖;多值依赖

10. 数据冗余;登录日志文件

11. 职工号;车间号

12. COUNT(DISTINCT 选课表.学号);GROUP BY 所在系名

13. 授权功能;安全

14. 一;系统必须做什么

15. 关系型;PL/SQL

16. 统计数据库;空间数据库

17. 封锁机制;死锁

18. 冷备份;热备份

19. 数据定义功能;数据控制功能

20. 关系代数;关系演算

二、选择题

1. D   2. D   3. C   4. A   5. D   6. D   7. C   8. C

9. B   10. C   11. C   12. B   13. B   14. B   15. A   16. C

17. C   18. D   19. B   20. C

三、名词解释

1. 关系模型：用二维表格结构来表示实体以及实体间联系的模型。

2. 主属性：包含在任何一个候选码中的属性。

3. 视图：由一个或几个基本表(或视图)导出的表，其本身不存储在数据库中，仅在数据字典存储其定义，它与基本表不同，是一个虚表。

4. 外码：如果关系 R_2 的一个或一组属性 X 不是 R_2 的关系键，而是另一个关系 R_1 的关系键，则该属性或属性组 X 称为关系 R_2 的外码。

5. 并发性控制：DBMS 提供并发控制功能来合理调度并发事务，避免并发事务之间的相互干扰造成数据的不一致性(或对多用户并发操作进行控制，以防止互相干扰而得到错误结果)。

四、问答题

1. 参照完整性是指如果关系 R_2 的外码与关系 R_1 的主码相符，那么外码中的每一个值必须与 R_1 中某个主码值相等或为空。

参照完整性的目的是定义外码与主码之间的引用规则。以学生表(学号，姓名，性别，系名，...)和学生选课表(学号，课程，成绩)为例，参照完整性规则，保证向选课表中输入学生的学号必须是学生表中的学号属性值中的一个，从而保持学生表的学号与选课表的学号之间的约束条件，并要保证参与选课的学生必须是学生表中的学生，从而保证数据的一致性。

2. 数据库的故障种类有：

① 系统故障，即造成系统停止运行的任何事件，且使得系统需要重新启动。例如：硬件错误、OS 错误、DBMS 代码错误、电源故障等。

② 介质故障，主要为存储介质(磁盘等)、通道错误等。

③ 计算机病毒，目前已成为计算机系统的主要威胁，当然也是数据库系统的主要威胁。

④ 事务故障。

⑤ 人为破坏和操作错误。

3. 数据的安全性控制是指采取安全保密措施确保数据库数据不被非法用户存取。具体措施如下：

① 用户标识与鉴别：对进入数据库的用户进行用户标识与鉴别。

② 存取控制：对合法的用户授权访问数据库的权限。

③ 视图机制：利用视图将用户使用的数据定义在只能接触到提供给他的视图所定义的数据部分。

④ 审计(跟踪审查记录日志)：记录用户的操作过程。

⑤ 数据加密:数据以密码的形式存放。

⑥ 用户定义安全性措施。

五、数据库设计题

1. 分解的、属于 BCNF 的关系模式有:

R1(<u>身份证号</u>,姓名,工作单位)

R2(<u>身份证号</u>,车牌号,型号)

R3(<u>身份证号</u>,C 身份证号)

R4(<u>C 身份证号</u>,C 姓名,C 出生地)

下划线表示其属性是各关系的主码。

2. 分解的、属于 BCNF 的关系模式有:

部门(部门号,部门名)

销售利润(部门号,年度,季度,利润)

或:

部门(部门号,部门名)

销售利润(部门号,年度,1 季度,2 季度,3 季度,4 季度)

3. E-R 图如图 4-1-1 所示。

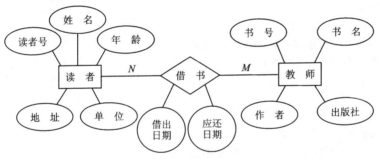

图 4-1-1 E-R 图

六、计算题

1. 运算结果如表 4-1-11 和表 4-1-12 所列。

表 4-1-11 $R \cap S$ 运算结果

编 号	姓 名	院系号
9802	王一	03
9803	张一	02

表 4-1-12 $R \bowtie T$ 运算结果

编 号	姓 名	院系号	院系名
9801	李一	01	计算机系
9802	王一	02	管理系
9803	张一	03	信息系

2.

(1) UPDATE STUDENT SET 年龄=年龄+1。

(2) DELETE FROM COURSE WHERE 课程号="101"。

3.

（1）

① 查询使用供应商 S_1 所供应零件的工程号：

SQL 语句：

SELECT 工程号 FROM SPJ WHERE 供应商号 = "S1";

关系代数：$\pi_{\text{工程号}}(\sigma_{\text{供应商号}="S1"}(SPJ))$

②

SELECT DISTINCT 供应商号 FROM SPJ

WHERE 工程号 = "J1" AND 供应商号 IN(SFLECT 供应商号 FROM SPJ WHERE 工程号 = "J2");

或：

SELECT X. 供应商号

FROM SPJ X. SPJ Y

WHERE X. 供应商号 = Y. 供应商号 AND X. 工程号 = "J1" AND Y. 工程号 = "J2";

③

SELECT SPJ. 工程号,工程名,工程城市,SUM(零件数量) AS 零件数量合计

FROM SPJ,J

WHERE SPJ. 工程号 = J. 工程号

GROUP BY SPJ. 工程号 HAVING COUNT (∗)＞4

ORDER BY 零件数量合计 DESC;

（2）

CREATE VIEW SSC AS

SELECT STUDENT. 学号,姓名,系名,MIN(成绩)AS 最低分,

AVG（成绩）AS 平均分,COUNT(∗)AS 选课门数

FROM STUDENT,SC

WHERE STUDENT. 学号 = SC. 学号

GROUP BY SC. 学号 HAVING COUNT(∗)＞10;

或：

CREATE VIEW SSC（学号,姓名,系名,最低分,平均分,选课门数）AS

SELECT STUDENT. 学号,姓名,系名,MIN(成绩),AVG(成绩),COUNT(∗)

FROM STUDENT,SC

WHERE STUDENT. 学号 = SC. 学号;

GROUP BY SC. 学号 HAVTNG COUNT(∗)＞10;

模拟试卷二

一、填空题

1. _____是一个逻辑上统一、地域上分布的数据集合,在其上进行数据查询时的开销除了 I/O 代价、CPU 代价外,还有_____代价。

2. 数据库管理系统在数据管理方面优越性高,它主要通过_____与_____实现的。

3. 全面控制和管理数据库系统使用和运行的人员是_____,其英文简写是_____。

4. 关系代数运算中,专门的关系运算有_____、_____、条件连接、相等连接、自然连接等。

5. 全键的关系属于_____范式,它比 3NF 等级_____。

6. 假设有关系 R 与 S,对它们进行某种运算:如果运算结果中的元组既属于关系 R,又属于关系 S,则该运算为_____运算;如果运算的结果与关系 R 的叉积包含在关系 S 中,则该运算为_____运算。

7. 在进行数据查询时,为了使查询的结果不包含重复的行,常用关键字_____加以限制查询;为了使查询的结果按某一属性值的大小排列,常用关键字_____加以限制查询。

8. 在数据库系统中,有四种常用的文件组织方式:顺序文件、_____、散列文件、倒排文件。对这些类型文件的维护是由_____完成的,用户不能自行维护。

9. 如果一个关系满足 3NF,则该关系一定也满足_____、_____(在 1NF~3NF 范围内)。

10. 视图是虚表,在数据库中只存储视图的_____,不存储视图的_____。

11. 数据库管理系统的三级模式结构由外模式、概念模式和内模式组成。描述数据库中全体数据的全局逻辑结构是_____,一个数据库有_____个内模式。

12. 关系数据库的数据操纵语言(DML)主要包括两类操作,它们是_____、_____。

13. 数据库设计分为需求分析、概念设计、逻辑设计、物理设计、数据库的实施、_____六个阶段,_____阶段的任务是设计关系模式。

14. DBMS 的基本工作单位是_____,它是用户定义的一组逻辑一致的程序序列。Oracle 提交一个事务的命令是_____。

15. 数据库系统的_____分为分析、设计、编码、测试和运行五个阶段。在设计阶段,_____是设计关系数据库的指南和工具。

16. 在 E - R 模型中包含实体、_____和_____三种基本成分。

17. ODBC/JDBC 的体系结构主要有四个部件,它们是_____、_____、应用程序、数据源的驱动程序。

18. 数据仓库系统是多种技术的综合体,它由数据仓库、_____、_____组成。

19. 数据库技术与_____相结合,出现了多媒体数据库;分布式数据库系统是数据库技术与_____的结合体。

20. 为了防止数据库中数据在存储与传输中失密,常对数据进行加密。常用的加密方法有两种,即_____和_____。

二、选择题

1. 数据库系统不仅包括数据库本身,还要包括相应的硬件、软件和( )。
   A. 数据库管理系统　　　　　　　　B. 数据库应用系统
   C. 相关的计算机系统　　　　　　　D. 各类相关人员

2. 下列命题中不正确的是( )。
   A. 数据库减少了不必要的数据冗余
   B. 数据库中不存在冗余数据
   C. 数据库中的数据可以共享
   D. 若冗余数据是可控制的,则数据更新的一致性可得到保证

3. 视图本身不独立存储在数据库中,即数据库中只存放视图的( )而不存放视图的( );视图是一个( )。
   A. 定义、对应的数据、虚表　　　　B. 定义、对应的数据、实表
   C. 对应的数据、定义、实表　　　　D. 对应的数据、定义、虚表

4. 在关系数据库中,关系之间的联系常通过( )实现。
   A. 码　　　　　B. 主码　　　　　C. 索引　　　　　D. 外码

5. 下列( )关系数据库的关系运算时间耗费最长。
   A. 广义笛卡儿积　　B. 除法　　　　　C. 选取　　　　　D. 投影

6. 自然连接是关系数据库中重要的关系运算,下列关于它的说法中正确的是( )。
   A. 自然连接就是连接,只是说法不同罢了
   B. 自然连接其实是等值连接,它与连接不同
   C. 自然连接是去掉重复属性的等值连接
   D. 自然连接是去掉重复元组的等值连接

7. 设有如下关系 R 和 S,则 $R \div S$ 的运算结果为( )。

关系 R

A	B	C
a	b	c
d	a	f
a	b	d

关系 S

C
c
d

A.
A
a
a

B.
A	B
a	b

C.
A
a

D.
A	B	C
a	b	c
a	b	d

8. 数据库类型是按照( )来划分的。
   A. 文件形式
   B. 数据模型
   C. 记录形式
   D. 数据存取方法

9. 下列 SQL 命令中能建立断言的是( )。
   A. CREATE ASSERTION
   B. UPDATE
   C. INSERT
   D. DELETE

10. 下列关于函数依赖的说法中正确的是( )。
    A. 函数依赖和关系表中各属性列的取值有关,因此当关系中各属性列取值发生变化时,函数依赖必然发生改变,即函数依赖具有可变性
    B. $X \rightarrow Y$ 是否成立仅取决于 X、Y 属性集上的值,与其他属性(集)的取值无关
    C. 属性间的联系方式一般来说有三种,它们与函数依赖密切相关,无论哪种联系方式都对应一种函数依赖
    D. 以上都不对

11. 关系模式规范化的最起码的要求是达到第一范式,即满足( )。
    A. 每个非码属性都完全依赖于主码
    B. 主码属性唯一标识关系中的元组
    C. 关系中的元组不可重复
    D. 每个属性都是不可分解的

12. 以下选项中,( )事件不会引起数据库触发器触发。
    A. 在表中插入记录行
    B. 修改记录
    C. 删除记录行
    D. 创建一个表

13. 若有关系 S(学号,院系名,负责人),现分解为关系 S_1(学号,院系名)和 S_2(院系名、负责人),则下列关于这种分解的说法中不正确的是( )。
    A. 该分解具有无损连接性
    B. 它保持了函数依赖

C. 解决了更新异常　　　　　　　D. 丢失了部分原关系的信息

14. 有关系模式:借书(书号,书名,库存量,读者号,借书日期,还书日期),设一个读者可以多次借阅同一本书,但对一种书(用书号作为唯一标识)不能同时借多本,则该关系模式的主码是( )。

　　A.(书号,读者号,借书日期)　　　B.(书号,读者号)

　　C.(书号)　　　　　　　　　　　D.(读者号)

15. 下列关于数据库死锁的说法中正确的是( )。

　　A. 死锁是数据库中不可判断的一种现象

　　B. 在数据库中防止死锁的方法是禁止多个用户同时操作数据库

　　C. 只有允许并发操作时,才有可能出现死锁

　　D. 当两个或多个用户竞争相同资源时就会产生死锁

16. E－R 模型的三种基本成分中不包含( )。

　　A. 实体　　　　　　　　　　　　B. 实体的属性

　　C. 实体之间的联系　　　　　　　D. 实体的主码

17. 数据流图是从"数据"和"处理"两方面表达数据处理的一种图形化表示方法,该方法主要用在数据库设计的( )。

　　A. 需求分析阶段　　　　　　　　B. 概念结构设计阶段

　　C. 逻辑结构设计阶段　　　　　　D. 物理结构设计阶段

18. 对于基本表,Oracle 支持三个级别的安全性,下列选项中( )不属于 Oracle 支持的安全性。

　　A. 行级安全性　　B. 列级安全性　　C. 行列级安全性　D. 表级安全性

19. 能在 Oracle 下,快速建立备份表的语句是( )。

　　A. CREATE TABLE NEW_TABLE AS(SELECT ＊ FROM OLD_TABLE)

　　B. CREATE NEW TABLE AS(SELECT ＊ FROM OLD_TABLE)

　　C. CREATE TABLE NEW_TABLE

　　D. SELECT ＊ FROM OLD TABLE WHERE(CREATE TABLE NEW_TABLE)

20. Replication Server 属于( )数据库产品。

　　A. DB2　　　　　　B. Oracle　　　　　C. Informix　　　　D. Sybase

三、名词解释

1. 实体完整性规则

2. 数据模型

3. 事务

4. 候选码

5. 计算机系统安全性

四、问答题

1. 人们在管理实践中发现,数据库技术是信息资源的整理、保存、管理和使用的

最有效的手段,数据库按其数据结构模型分类,通常可分为层次型数据库、网络型数据库、关系型数据库、面向对象型数据库、对象关系型数据库。各种类型的数据模型都有其自身的特点。

试根据关系数据模型的优点论述:

(1) 为什么人们在开发以事务处理为主的信息系统(例如信息管理系统)时,大多选用关系型数据库作为开发环境?

(2) 在许多含有复杂数据结构或丰富语义的实际应用中,为什么要选用面向对象数据库、对象关系型数据库或要对关系型数据库作为某些扩充和修改?

2. 索引的作用是什么?哪些属性适合建立索引?

3. 简述第三代 DBMS 应具有的三个基本特征。

五、数据库设计题

1. 某公司有 15 个仓库,商品分为 20 类,每类商品的品种平均为 120 多种,单价最高为 1 000.59 元,单个商品的库存数量最多为 1 000,要求使用数据库来管理。表结构现已设计完成,见表 4－2－1。

表 4－2－1 商品库存登记表

属性名	类 型	宽 度	小数位数
仓库号			
商品编号			
单 价			
数 量			

该公司的同一种商品可存放在不同的仓库中;商品编号由商品类号＋商品品种号组成,其中商品类号为 01～20,商品品种号从 001 到每类商品的最大数。

现要求完成下面的工作:

(1) 请给出该表的属性类型、属性宽度(要考虑小数点占的位数)。

(2) 指出主码(主索引)。

2. 图 4－2－1 所示为描述学生参加学校社团的 E－R 图。请将给定的 E－R 图转换为符合 3NF 的关系模式,并指出每个关系模式的主码和外码。

3. 将图 4－2－2 所示的实体联系模型转为关系模型。

涉及的实体有:

(1) 供应商,属性有供应商号、姓名、地址、电话号码、账号。

(2) 项目,属性有项目号、预算、开工日期。

(3) 零件,属性有零件号、名称、规格、单价、描述。

六、计算题

设有三个基本表,表结构见表 4－2－2～表 4－2－4。其中表 ITEM 存放项目数

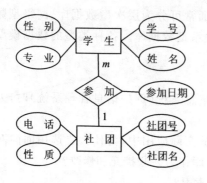

图 4-2-1 学生参加社团 E-R 图

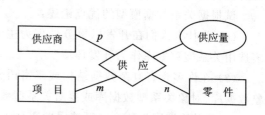

图 4-2-2 E-R 图

据,主码是项目号;表 PART 存放零件数据,主码是零件号;表 BIP 存放项目使用零件的数量和日期,主码是"项目号+零件号"。

表 4-2-2 表 ITEM

项目号	项目名	项目负责人	电 话
S_1		王铁	
S_2		李萍	
S_3		刘大红	

表 4-2-3 表 PART

零件号	零件名称	规 格	单价/元	描 述
P_1	PN1		1 200.00	
P_2	PN2		800.00	
P_3	PN3		12 000.00	

表 4-2-4 表 BIP

项目号	零件号	数 量	日 期
S_1	P_1	2	
S_1	P_3	4	
S_2	P_1	4	
S_2	P_3	1	

1. 用关系代数完成如下查询:查询使用零件名称为 PN1 的项目号和项目名。

2. 用 SQL 语句进行如下操作:

(1) 查询与项目号为 S_2 的项目所使用的任意一个零件相同的项目号、项目名、零件号和零件名称。

（2）查询项目使用了 10 种以上不同零件的项目号、项目名、项目负责人和零件数量合计。

（3）建立项目号为 S_1 的视图 S1BIP。该视图的属性列由项目号、项目名、零件名称、单价、数量、金额和日期组成，记录按项目号和日期的顺序排序。

（4）统计出每个项目使用零件的金额和不同项目使用零件的合计金额，并将统计结果存放于另一个表 SSP 中。表 SSP 结构如表 4 - 2 - 5 所列。

表 4 - 2 - 5　表 SSP

项目号	项目名	金　额
	合计	
S_1		
S_2		

参考答案

一、填空题

1. 分布式数据库;通信

2. 三级模式;二级映象(或二层映象)

3. 数据库管理员;DBA

4. 选择;投影

5. 属于 BCNF;高

6. 交;$S \div R$

7. DISTINCT;ORDER BY

8. 索引文件;系统

9. 1NF;2NF

10. 定义;数据

11. 概念模式;一

12. 检索(或查询);更新

13. 数据库的运行与维护;逻辑设计阶段

14. 事务;commit transaction

15. 生命周期;关系数据库规范化理论

16. 实体的属性;实体之间的联系

17. 驱动程序管理器;数据源

18. 数据仓库管理系统;数据仓库工具

19. 多媒体技术;分布处理技术

20. 替换方法;转换方法

二、选择题

1. D	2. B	3. A	4. D	5. A	6. C	7. B	8. B
9. A	10. B	11. D	12. D	13. D	14. A	15. C	16. D
17. A	18. C	19. A	20. D				

三、名词解释

1. **实体完整性规则**:若属性 A 是基本关系 R 的主属性,则属性 A 不能取空值。

2. **数据模型**:数据模型(Data Model)是指表示实体以及实体之间联系的数据库的数据结构,是隐藏了许多低级存储细节的高级数据描述结构的集合,它描述的是数据的逻辑结构。DBMS 允许用户用数据模型来定义要存储的数据。

3. **事务**:事务是数据库的逻辑工作单位,它是用户定义的一组操作序列,在关系数据库中,一个事务可以是一组 SQL 语句、一条 SQL 语句或整个程序。通常情况下一个应用程序包括多个事务。

4. **候选码**:在关系中能唯一标识(区别)关系中的元组的一个属性或一组属性可称为该关系的候选码。或设关系 R 有属性 $A_1,A_2,\cdots,A_n$,其属性集 $K=(A_i,A_j,\cdots,A_k)$ 满足下列性质时,K 被称为候选码。候选码具有以下特性:

唯一性:在任一给定时间内,关系 R 的任意两个不同元组,其候选码的值是不同的。

原子性:组成候选码的任意一个属性都不能从候选码中删除掉,否则将破坏唯一性。

5. **计算机系统安全性**:指为计算机系统建立和采取的各种安全保护措施,以保护计算机系统中的硬件、软件及数据,防止因偶然原因或恶意攻击使系统遭到破坏、更改或泄露数据等;DBMS 提供并发控制功能来合理调度并发事务,避免因并发事务之间的相互干扰而造成数据的不一致性,或对多用户并发操作进行控制,以防止互相干扰而得到错误结果。

四、问答题

1.(1)在开发以事务处理为主的信息系统时,大多选用关系型数据库作为开发环境的原因是:

首先,关系数据模型结构简单,它的二维表格结构与目前事务处理系统中的数据多以二维表格结构组织和表示相适应。

其次,关系数据模型的其他优点也满足事务处理的要求;

① 表格是一种集合,因此集合论的知识可以引入关系型数据模型中,使它具有坚实的数学理论基础。

② 有简单、易懂、易学的关系数据库的标准语言 SQL 的支持。

③ 数据具有较高的独立性。

④ 数据库的其他优点也使大家喜欢使用它。

(2)在含有复杂数据结构或丰富语义的实际应用领域中,一般选用面向对象数据库、对象关系型数据库,或要对关系数据库做某些扩充和修改的原因是:

① 关系数据模型不擅长表示复杂对象数据类型。

② 关系数据模型不擅长表示实体间的语义联系。

③ 相对于关系数据模型而言,面向对象数据模型、对象关系数据模型在这方面有较明显的优势。

2. 索引可以提高数据的查询效率。

适合建立索引的情况:

(1) 包含大量非重复值的属性。

(2) 在 WHERE 子句中经常用作进行 BETWEEN……AND、>、>=、< 和 <= 等操作的属性。

(3) 经常被用作连接操作的属性。

(4) ORDER BY 或 GROUP BY 子句中涉及的属性。

3. 第三代 DBMS 应具有的三个基本特征是:

(1) 必须支持 OO(面向对象)数据模型,以提供更加强大的管理功能,支持更加复杂的数据类型。

(2) 必须保持或继承第二代数据库系统的优点,在处理数据时达到第二代数据库系统所具有的高效、安全、方便等特点。

(3) 必须具有开放性,即必须支持当前普遍承认的计算机技术标准,如支持 SQL 语言,支持多种网络标准协议,使得任何其他系统或程序只要支持同样的计算机技术标准即可使用第三代数据库系统,而且第三代数据库系统还应当在多种软/硬件平台上使用,并且在应用发生变化或计算机技术进一步发展时,易于得到扩充和增强。

五、数据库设计题

1.

(1)

属性名	类　型	宽　度	小数位数
仓库号	字符型	3	
商品编号	字符型	6	
单价	数字型	8	2
数量	数字型	4	

(2) 主码:仓库号＋商品编号。

2. 下列各关系模式中用下划线标识主码:

社团(社团号,社团名,电话,性质)∈3NF

学生(学号,姓名,性别,专业,社团号,参加日期)∈3NF

注:社团号为引用社团的外码。

3. 与 E－R 模型对应的关系模式如下:

供应商(供应商号,姓名,地址,电话号码,账号);主码:供应商号

项目(项目号,预算,开工日期);主码:项目号

零件(零件号,名称,规格,单价,描述);主码:零件号

供应-项目-零件(供应商号,项目号,零件号,供应量);主码:供应商号+项目号+
零件号;外码:供应商号,项目号,零件号

六、计算题

1. $\pi_{\text{项目号},\text{项目名}}(\sigma_{\text{零件名}="PN1"}(\text{ITEM} \bowtie \text{BIP}) \bowtie \text{PART})$

2.

(1)

```
SELECT ITEM.项目号,项目名,BIP.零件号,零件名称
FROM ITEM,BIP,PART
WHERE ITEM.项目号 = BIP.项目号 AND BIP.零件号 = PART.零件号
AND BIP.零件号 IN (SELECT 零件号 FROM BIP WHERE 项目号 = "S2");
```

(2)

```
SELECT ITEM.项目号,项目名,项目负责人,SUM(数量)  AS 零件数量合计
FROM  ITEM,BIP
WHERE ITEM.项目号 = BIP.项目号
GROUP BY ITEM.项目号 HAVING COUNT ( * ) >= 10
```

(3)

```
CREATE VIEW S1BIP
AS SELECT ITEM.项目号,项目名,项目负责人,零件名称,单价,数量,
单价 * 数量 AS 金额,日期
FROM  ITEM,BIP,PART
WHERE ITEM.项目号 = BIP.项目号 AND BIP.零件号 = PART.零件号;
```

(4)

```
SELECT ITEM.项目号,项目名,SUM(单价 * 数量) AS 金额
FROM  ITEM.项目号 = BIP.项目号 AND BIP.零件号 = PART.零件号
GROUP  BY  ITEM.项目号
UNION
SELECT "合计",SUM(单价 * 数量)
FROM BIP, PART
WHERE BIP.零件号 = PART.零件号
ORDER BY 1
INTO TABLE SSP;
```

或

```
INSERT INTO SSP (项目号,项目名,金额)
SELECT ITEM.项目号,项目名,SUM(单价 * 金额) AS 金额
FROM ITEM,BIP,PART
WHERE ITEM.项目号 = BIP.项目号 AND BIP.零件号 = PART.零件号
GROUP BY ITEM.项目号
UNION
SELECT "合计",SUM(单价 * 数量) AS 金额
FROM BIP, PART WHERE BIP.零件号 = PART.零件号
ORDER BY 1;
```

模拟试卷三

一、填空题

1. 事务是由一系列对数据库对象的读/写操作组成,每个事务最终或者提交,或者中止。如果事务提交,则所有操作必须是_____;如果事务中止,则所有操作必须是_____。

2. 数据库系统由硬件、软件、数据库、用户、_____等部分组成,其中的核心部分是_____。

3. 关系运算可分为_____和_____两大类。

4. 数据模型通常都是由数据结构、_____和_____三个要素组成。

5. 数据库的三级结构通过模式的概念/内映象保证_____独立性,通过模式的外/概念映象保证_____独立性。

6. 进行自然连接运算的两个关系必须具有_____,它与连接的区别是_____。

7. 设有一个学生表 STUDENT,其中有学号、姓名、年龄、性别等属性。该表是在 2015 年建立的,到 2016 年用户可以使用 SQL 的_____语句将表中所有学生的年龄增加一岁;现在是 2016 年,显示学生表中年龄大于 22 的学生的信息的 SQL 语句是_____。

8. 关系模型是由若干个_____组成的集合,其主要特征是用二维表格结构表示实体集,用_____表示实体间联系。

9. 在关系数据库中,视图只是个虚表,这是因为视图只存放其_____,其相对应的数据存放在相对应的_____中。

10. 在关系模式 $R(U)$ 中,$X \in U$,$Y \in U$,$X \rightarrow Y$,如果对于 X 的任意真子集 X',都不存在 $X' \rightarrow Y$,则称为_____,否则称为_____。

11. 将 SQL 语言嵌入到某种高级语言中使用,利用高级语言的过程性来弥补 SQL 语言非过程性实现复杂应用的不足,这种方式下使用的 SQL 语言称为_____。嵌入的 SQL 语句必须被明显地标记出来,具体细节依赖于不同的宿主语言。在 C 语言中,为了能够区分 SQL 语句与宿主语言语句,所有 SQL 语句都必须加_____前缀。

12. 设关系模式 $R(X,Y,Z)$,X、Y、Z 是 R 的属性集,当属性集合 X 是属性集合 Y 的子集时,则存在函数依赖 $Y \rightarrow X$。这种类型的函数依赖称为_____。若 X、Y、Z 为互不相同的属性集合,如果 $X \rightarrow Y$,而 $Y \nrightarrow X$,但 $Y \rightarrow Z$,则称 Z_____函数依赖 X。

13. 设关系模式 $R(A,D,C,D,E,F,G)$，F 是 R 上的函数依赖集，且 $F=\{A\rightarrow B,ACDF\rightarrow EG,EF\rightarrow G,EF\rightarrow H,ABCD\rightarrow E\}$，则可以得出最小依赖覆盖为：$A\rightarrow B$，_____，$EF\rightarrow H$，_____。

14. 数据通信的安全除物理通信设备的安全之外主要还进行数据的_____，它有两种方法，一种是置换法，另一种是_____。

15. INFORMIX - Online 动态服务器提供了两个工具来完成_____和_____的备份和恢复。

16. 分布式数据库在更新事务提交前，需要修改关系的所有副本，这种语义下的复制称为_____；而关系的副本只需要定期更新，此种情况下的复制称为_____。

17. 数据库用户有四类，他们是终端用户、应用程序员、数据库管理员、_____，其中最重要的用户是_____。

18. 在关系数据库中，操作对象有关系、_____、_____。

19. 事务应对要读取的数据加_____锁，对要修改的数据加_____锁。

20. 新一代数据库技术的研究主要是从_____、新技术内容以及应用领域三方面进行，其中_____的方法和技术对数据库发展影响最大。

二、选择题

1. 如果事务 T 获得了数据对象 Q 上的排它锁，则事务 R 对 Q（　　）。
    A. 只能读不能写　　　　　　　　　B. 只能写不能读
    C. 既可读又可写　　　　　　　　　D. 不能读不能写

2. 数据的逻辑独立性是指（　　）。
    A. 存储结构与物理结构的逻辑独立性　B. 数据与存储结构的逻辑独立性
    C. 数据与程序的逻辑独立性　　　　　D. 数据元素之间的逻辑独立性

3. 关于外码和相应的主码之间的关系，下列说法中正确的是（　　）。
    A. 外码并不一定要与相应的主码同名
    B. 外码一定要与相应的主码同名
    C. 外码一定要与相应的主码同名而且唯一
    D. 外码一定要与相应的主码同名，但并不一定唯一

4. 一个关系模式为 $R(X_1,X_2,X_3,X_4)$，假定该关系存在着如下函数依赖：$(X_1,X_2)\rightarrow X_3$，$X_2\rightarrow X_4$，则该关系属于（　　）。
    A. 第一范式　　　B. 第二范式　　　　C. 第三范式　　　D. 第四范式

5. 下列关于投影运算的说法中不正确的是（　　）。
    A. 所得结果的关系的元组可能与原来的关系的元组数目相同
    B. 所得结果的关系的元组可能比原来的关系的元组数目少
    C. 所得结果的关系的属性可能与原来的关系的属性数目相同
    D. 所得结果的关系的属性一定比原来的关系的属性数目少

6. 在职工关系中,属性"工种"必须在关系工种中存在,这种约束属于(　　　)。

A. 完整性　　　　　　　　　　　B. 用户定义完整性

C. 实体完整性　　　　　　　　　D. 外码约束

7. 下列(　　　)不属于关系数据库中的关系。

A. R(职工编号,职工姓名,性别)　　B. R(职工编号,职工姓名.工种)

C. R(职工编号,职工姓名,简历)　　D. R(职工编号,职工姓名,电话)

8. 在 SQL 中,WHERE 子句是条件子句,下列关于它的说法中正确的是(　　　)。

A. 如果在 FROM 中引用了 N 个表,则 WHERE 子句可以包含少于 $N-1$ 个连接条件

B. 在查询语句中,必须包括 WHERE 子句,否则查询将变得没有意义

C. 如果在 FROM 中引用了 N 个表,则 WHERE 子句至少包括 $N-1$ 个连接条件

D. WHERE 子句中还可以嵌套查询子句,但嵌套层次不得超过三层

9. 下列聚合函数中,可以计算出关系中元组(记录)数目的是(　　　)。

A. SUM(属性列名)　　　　　　　B. MAX(属性列名)

C. COUNT(*)　　　　　　　　　D. AVG(属性列名)

10. 建立数据字典的时机是(　　　)。

A. 需求分析阶段　　　　　　　　B. 数据库物理设计阶段

C. 数据库实施　　　　　　　　　D. 概念结构设计阶段

11. 关系模式必须定义一定的约束条件,下列不是具体的约束的是(　　　)。

A. 完整性约束　　B. 码约束　　　C. 外码约束　　　D. 断言

12. 假设关系模式 $R(A,B,C)$ 已属于 3NF,则下列说法中正确的是(　　　)。

A. 消除了插入和删除异常

B. 可能仍存在一定的插入和删除异常

C. 一定属于 BCNF

D. 都不对

13. 如果关系模式 R 的候选码由所有属性共同构成,则 R 最高达到(　　　)。

A. 2NF　　　　　B. 3NF　　　　　C. BCNF　　　　D. 4NF

14. 当数据对象 A 被事务加上排它锁时,其他事务对 A(　　　)。

A. 加排它式封锁　　　　　　　　B. 不能再加任何类型的锁

C. 可以加排它式封锁和保护式封锁　D. 加保护式封锁

15. 设有两个事务 T_1 和 T_2,其并发操作如表 $4-3-1$ 所列,下列说法中正确的是(　　　)。

A. 该操作不存在问题　　　　　　B. 该操作的修改将不会正确

C. 修改时不能重复读　　　　　　D. 该操作读"脏"数据

表 4-3-1　T_1 和 T_2 的并发操作

T_1	T_2
①	
② 读 $A=18$	读 $A=18$
③ $A=A-8$ 写回	
④	$A=A-8$ 写回

16. 在关系数据库中,对关系模式进行分解主要是为了解决( )。

A. 如何构造合适的数据逻辑结构

B. 如何构造合适的数据物理结构

C. 如何构造合适的应用程序结构

D. 如何控制不同用户的数据操作权限

17. 以下选项中,属于关系的基本类型的是( )。

A. 堆栈表 　　　B. 视图表 　　　C. 双列表 　　　D. 散列表

18. 在目标数据库中至少有( )权限,才能使用 Oracle 中的 Export 程序。

A. DBA 权限 　　　　　　　　　B. CREATE SESSION 权限

C. EXP FULL DATABASE 权限　　D. 普通用户就可以

19. 在 Sybase 中,下列选项中的( )不是创建新数据库时创建的默认段。

A. 系统段 　　　B. 日志段 　　　C. 默认段 　　　D. 逻辑段

20. 支持关系数据模型的第二代数据库系统——关系数据库的创始人之一是( )。

A. Steven 　　　B. Moer 　　　C. E. F. Codd 　　　D. Sam

三、名词解释

1. 参照完整性规则

2. 数据库系统

3. 投影

4. 规范化

5. 主属性

四、问答题

1. 简述 DBMS 的功能。

2. 全键的关系是否必然属于 3NF? 为什么? 是否必然属于 BCNF? 为什么?

3. 简述 E-R 图向关系模型转换的原则。

五、数据库设计题

1. 现有一个未规范化的表 P,表结构和部分值如表 4-3-2 所列。表中包含了项目信息、部件信息和各项目已提供的部件数量信息。请采用规范化方法,将该表规范化到 3NF。

表 4 - 3 - 2 表 P 的结构和部分值

部件号	部件名	现有数量	工程项目	项目代号	项目内容	项目负责人	已提供数量
205	CAM	30	J1	12	CORTER	01	10
				20	COLLATOR	02	15
201	COG	155	J2	12	SORTER	01	30
				25	PUNCH	11	25
				30	READER	12	15

2. 设有某商业单位需建立商务数据库用以处理销售记账,它记录的数据包括:顾客姓名,所在单位及电话号码;商品名称、型号及单价;某顾客购买某商品的数量及日期。假定无同名顾客,无同型号的商品,电话公用,顾客可在不同日期购买同一商品。

(1) 请画出该单位的商务 E - R 模型并优化。

(2) 将 E - R 模型换成关系模型并规范化到 3NF。

六、计算题

1. 关系运算。已知关系 R、S 和 T,其关系结构见表 4 - 3 - 3 ~ 表 4 - 3 - 5,求关系代数 $R \cap S$、$R - S$、$R \cup S$ 和 $R \bowtie T$ 的运算结果。

表 4 - 3 - 3 关系 R

编 号	姓 名	院系号
9801	李一	01
9802	王一	02
9803	张一	03

表 4 - 3 - 4 关系 S

编 号	姓 名	院系号
9802	王一	03
9804	刘四	02
9803	张一	02

表 4 - 3 - 5 关系 T

院系号	院系名
01	计算机系
02	信息系
03	管理系

2. 设有 A 单位,要求在 DBMS 下建立一工资表,结构如表 4 - 3 - 6 所列。该单位人数为 1 500 人,下设 20 个科室,每个科室最多 99 个人,平均工资 550.50 元,平均补贴工资 15.50 元,平均房水电费 10.50 元,平均病/事假 12.50 元。请给出该表各属性的类型、宽度,指出主码。(设计宽度时须考虑小数点)

表 4 - 3 - 6 A 单位工资表结构

属性结构	科室编号	职工编号	姓 名	工 资	补贴工资	房水电费	病/事假
类 型							
宽 度							
小 数							

3. 设有三个基本表,表结构见表4-3-7～表4-3-9。请用SQL语句完成以下查询。

表4-3-7 BORROWER

借书证号	姓　名	系　名	班　级
98001	欧杨	信息系	98-1
98002	刘诚	信息系	98-1
98101	赵林	计算机系	98-2

表4-3-8 LOANS

借书证号	图书登记号	借书日期
98001	T00101	2015.04.01
98002	T00102	2015.05.01
98101	T00201	2015.05.31

表4-3-9 BOOKS

索引号	书　名	作　者	图书登记号	出版社	价格/元
TP11.13	数据库原理与应用	李昭原	T00101	科学	19.00
TP11.13	数据库原理与应用	李昭原	T00102	科学	19.00
TP.065	数据库系统原理与技术	李昭原	T00201	北航	6.50
TP.1599	数据库原理教程	王珊	T00301	清华	18.50

(1) 检索借了5本书的学生的借书证号、姓名、系名和借书数量。

(2) 检索借书和欧杨同学所借图书中的任意一本相同的学生姓名、系名、书名和借书日期。

(3) 建立信息系学生借书的视图SSP。该视图的属性列由借书证号、姓名、班级、图书登记号、书名、出版社和借书日期组成。

4. 设表SP(见表4-3-10)记录某公司分年度各部门四个季度销售利润,表DM(见表4-3-11)存放各部门的部门号和部门名,请用SQL语言统计出每个部门的部分年度各季度销售利润,并将统计结果存放于另一个表SSP(见表4-3-12)中。

表4-3-10 表SP

部门号	年　度	一季度	二季度	三季度	四季度
01	2015				
02	2015				
…	…				
01	2016				
02	2016				
…	…				

表4-3-11 表DM

部门号	部门名
01	A门市部
02	B门市部
02	C门市部
…	…

表 4-3-12　表 SSP

部门号	部门名	一季度	二季度	三季度	四季度	年平均
01	A 门市部					
02	B 门市部					
...						
总　计						

参考答案

一、填空题

1. 可持久的;取消所有操作

2. 数据库管理系统;数据库管理系统

3. 关系代数;关系演算

4. 数据操作;完整性规则

5. 物理;逻辑

6. 公共属性;自然连接去掉重复的属性,而连接并不去掉重复的属性

7. UPDATE STUDENT SET 年龄＝年龄＋1;SELECT ＊ FROM STUDENT WHERE 年龄＞21

8. 关系模式;外码

9. 定义;基本表

10. 完全函数依赖;部分函数依赖

11. 嵌入式 SQL;EXEC SQL

12. 平凡函数依赖;传递

13. $ACD{\rightarrow}E$;$EF{\rightarrow}G$

14. 密码化;移位法

15. 系统数据;逻辑日志

16. 同步复制;异步复制

17. 系统分析员和数据库设计人员;数据库管理员

18. 元组;属性

19. 共享(或 S);排它(或 X)

20. 数据模型;面向对象

二、选择题

1. D　　2. A　　3. A　　4. A　　5. D　　6. D　　7. C　　8. C
9. C　　10. A　　11. A　　12. B　　13. C　　14. B　　15. B　　16. A
17. B　　18. B　　19. D　　20. C

三、名词解释

1. 参照完整性规则:若属性(或属性组)F 是基本关系 R 的外码,它与基本关系 S 的主码 K_s 相对应(基本关系 R 和 S 不一定是不同的关系),则对于 R 中每个元组在 F 上的值必须为或者取空值(F 的每个属性值均为空值),或者等于 S 中某个元组的主码值。

2. 数据库系统(DataBase System,DBS)指在计算机系统中引入数据库后的系统构成。它是具有管理和控制数据库功能的计算机应用系统,一般由数据库、数据库管理系统(及其开发工具)、应用系统、数据库管理员和用户构成。

3. 投影:在指定的关系中,按照指定的若干个属性及它们的顺序取出各列,删除重复元组后组成一个新关系的操作称为投影。

4. 规范化:即把一个低一级范式的关系模式转换为若干个高一级范式的关系模式的过程。

5. 主属性:包含在任何一个候选码中的属性。

四、问答题

1. DBMS 具有如下几个方面的功能:

(1) 数据定义功能。使用 DBMS 提供的 DDL 语言来定义数据库的三级模式。

(2) 数据存取功能。使用 DBMS 提供的 DML 语言来实现对数据库数据的基本存取操作:检索、插入、修改和删除。

(3) 数据库运行管理功能。对数据库的安全性、完整性、并发性等进行控制。

(4) 数据库的建立和维护功能。数据库初始数据的装入,数据库的转储、恢复、重组织以及系统性能监视、分析等功能。

(5) 数据通信功能,即数据与用户程序之间的通信。

2.

(1) 全键的关系必然属于 3NF,因为所有属性都是主属性,故不存在非主属性对码的部分函数依赖和传递函数依赖。

(2) 全键的关系一定属于 BCNF,因为不存在主属性对码的部分或传递函数依赖。

3. 由 E-R 图向关系模型转换的原则是:

(1) 一个实体型转换为一个关系模式。实体的属性就是关系的属性,实体的主码就是关系的主码。

(2) 对于实体间的联系则有以下不同的情况:

① 若联系是 1:1,则可以转换为一个独立的关系模式,也可以与任意一端对应的关系模式合并。

② 若联系是 1:n,则可以转换为一个独立的关系模式,也可以与 n 端对应的关系模式合并。

③ 若联系是 $m : n$，则可以转换为一个关系模式。

该联系相连的各实体的主码以及联系本身的属性均转换为关系的属性，而关系的主码为各实体主码的组合。

（3）若转换后，存在具有相同候选码的关系模式，则可将具有相同候选码的关系模式进行合并。

五、数据库设计题

1. 分解后的 3NF 为：

部件（部件号，部件名，现有数量）；主码：部件号

项目（工程项目，项目代号，项目内容，项目负责人）；主码：工程项目＋项目代号

供应（部件号，工程项目，项目代号，已提供数量）；主码：部件号＋工程项目＋项目代号

2.（1）E-R 模型如图 4-3-1 所示。

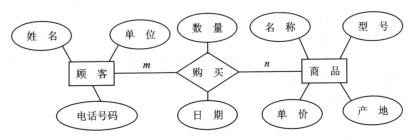

图 4-3-1　E-R 模型

（2）将 E-R 模型换成关系模型，并规范化到 3NF：

顾客（姓名，单位，电话号码）；主码：姓名

商品（型号，名称，单价，产地）；主码：型号

购买（姓名，型号，数量，日期）；主码：姓名＋型号

六、计算题

1. $R \cap S$、$R - S$、$R \cup S$ 和 $R \bowtie T$ 的运算结果见表 4-3-13～表 4-3-16。

表 4-3-13　$R \cap S$

编　号	姓　名	院系号
9802	王一	03
9803	张一	02

表 4-3-14　$R - S$

编　号	姓　名	院系号
9801	李一	01

表 4-3-15 $R \cup S$

编　号	姓　名	院系号
9801	李一	01
9802	王一	03
9803	张一	02
9804	刘四	02

表 4-3-16 $R \bowtie T$

编　号	姓　名	院系号	院系名
9801	李一	01	计算机系
9802	王一	03	管理系
9803	张一	02	信息系

2. 工资表属性类型及长度如表 4-3-17 所列。

表 4-3-17 工资表属性类型及长度

属性 结构	科室编号	职工编号	姓　名	工　资	补贴工资	房水电费	病/事假
类　型	C	C	C	N	N	N	N
宽　度	2	2	8	7	5	5	5
小　数				2	2	2	2

主码:科室编号＋职工编号。

3. 各小题实现如下:

(1)

SELECT LOANS.借书证号,姓名,系名,COUNT (*) AS 借书数量
FROM BORROWER,LOANS
WHERE BORROWER.借书证号 = LOANS.借书证号
GROUP BY LOANS.借书证号 HAVING COUNT (*)>5;

(2)

SELECT 姓名,系名,书名,借书日期
FROM BORROWER,LOANS,BOOKS
WHERE BORROWER.借书证号 = LOANS.借书证号 AND LOANS.图书登记号 = BOOKS.图书登记号
AND 索书号 IN (SELECT 索书号 FROM BORROWER,LOANS,BOOKS
　　　　　WHERE BORROWER.借书证号 = LOANS.借书证号
　　　　　AND LOANS.图书登记号 = BOOKS.图书登记号
　　　　　AND 姓名 = "欧杨");

(3)

CREAT VIEW SSP AS
SELECT BORROWER.借书证号,姓名,班级,LOANS.图书登记号,书名,出版社,借书日期
FROM BORROWER,LOANS,BOOKS
WHERE BORROWER.借书证号 = LOANS.借书证号
AND LOANS.图书登记号 = BOOKS.图书登记号 AND 系名 = "信息系";

4. 实现如下：

```
SELECT SP.部门号,部门名,SUM(一季度) AS 一季度,SUM(二季度) AS 二季度,
    SUM(三季度) AS 三季度,SUM(四季度) AS 四季度,
FROM SP,DM
WHERE SP.部门号 = DM.部门号
GROUP BY SP.部门号
UNION
SELECT "合计", SUM(一季度),SUM(二季度), SUM(三季度),SUM(四季度)
ORDER BY 1 INTO TABLE SSP;
```

模拟试卷四

一、填空题

1. 构成数据库系统的软件层次从核心到外围的次序为_____、_____和应用软件。

2. 数据库系统支持的主要数据模型有层次模型、_____和_____。

3. 数据库管理系统的三级模式结构由外模式、_____和_____组成。

4. 数据管理随计算机硬件和软件的发展而不断发展,经历了_____、_____和数据库管理三个阶段。

5. 关系运算可分为关系代数和关系演算两大类,其中关系演算又可以分为_____和_____两类。

6. 监督与控制数据库的使用和运行的人员是_____,他的权限_____。

7. 数据库概念模型设计通常采用_____方法,在此图中通常包含实体、实体间的联系,以及_____。

8. 通过视图定义外部模式可以保证_____独立性,而且从_____角度来限制对某些数据的访问也有重要作用。

9. 数据独立性分为_____、_____,前者通过、概念模式与内模式的分离加以保证,后者通过外模式与概念模式的分离来实现。

10. 关系数据库系统中的完整性约束条件作用的对象可以是_____、_____、属性三种。

11. SQL Server 支持两种类型的触发器,它们是_____触发型触发器和_____触发型触发器。

12. 为了与数据库对象名区别,嵌入式 SQL 语句中的主变量名前要加冒号作为标志。SQL 语句中的指示变量前必须加_____,并且要紧跟在_____之后。

13. 游标是系统为用户开设的一个_____,存放 SQL 语句的操作结果,在应用程序中,其定义格式为_____。

14. 设有以下关系:合同(合同号,用户号,用户名,用户地址,电话),我们知道合同号是唯一的,则这个关系的范式属于_____;任何由两个属性组成的关系必为_____。

15. 对数据项封锁就是_____,它一般采用的方式是_____。

16. 计算机系统安全性问题可分为_____、_____、政策法律类三类。

17. 在 Oracle 中,建表有两种方法,写一条语句_____,并用 SQL * PLUS 工具来执行它,且可以用_____来建立。

18. 强制存取控制（MAC）是对数据本身进行_____标记，该标记与数据是一个不可分的整体，只有符合_____要求的用户才可以操纵数据，从而保证了更高的安全性。

19. 为关系建立一个聚簇索引，这一设计内容应该属于数据库设计中的_____设计阶段。E-R工具通常用在数据库设计_____设计阶段。

20. 网络数据库系统的工作模式主要有两种，它们是_____与_____。

二、选择题

1. 关系数据库管理系统能够实现的三种基本关系操作是（　　）。
   A. 排序、查找和索引　　　　　　B. 建库、录入和复制
   C. 投影、选择和连接　　　　　　D. 显示、统计和排序

2. 数据库中的存储的是（　　）。
   A. 记录　　　　　　　　　　　　B. 联系
   C. 数据及其之间的联系　　　　　D. 信息

3. 在关系数据库中，基本表是三级模式结构中的（　　）。
   A. 内模式　　　B. 外模式　　　C. 模式　　　　D. 存储模式

4. 下列各选项中，（　　）能够保证数据库的物理数据独立性和逻辑数据独立性。
   A. 三级模式之间的两种映像　　　B. 模式与内模式
   C. 模式与外模式　　　　　　　　D. 三层模式

5. 下列关于函数依赖的表述中，不正确的是（　　）。
   A. 若 $XY \rightarrow Z$，则 $X \rightarrow Z, Y \rightarrow Z$
   B. 若 $X \rightarrow Y, X \rightarrow Z$，则 $X \rightarrow (Y, Z)$
   C. 若 $X \rightarrow (Y, Z)$，则 $X \rightarrow Y$ 且 $X \rightarrow Z$
   D. 若 $X \rightarrow Y, W \rightarrow Z$，则 $(X, W) \rightarrow (Y, Z)$

6. 根据关系的特点，下列各选项中（　　）不是关系。其中 A、B、C 为关系的属性。
   A. $R(A, B)$　　　　　　　　　　B. $R(B)$
   C. $R(B, C)$　　　　　　　　　　D. $R(A \times B \times C)$

7. 设有如表 4-4-1 和表 4-4-2 所列的关系 R 和 S，则 $R \bowtie_{[2]=[1] \cdot [3]=[2]} S$ 的运算结果为（　　）

表 4-4-1　关系 R

A	B	C
a	b	c
d	a	f
a	b	d

表 4-4-2　关系 S

B	C
b	c
b	d

A.

A
a
a

B.

A	B
a	b

C.

A
a

D.

A	B	C	B	C
a	b	c	b	c
a	b	d	b	d

8. 两个关系表,供应商关系[供应商号(主码),供应商名,所在城市],零件关系[零件号(主码),颜色,供应商号(外码)],假设它们各有元组如表 4-4-3 和表 4-4-4 所列。

表 4-4-3 零件关系

零件号	颜 色	供应商号
101	蓝	B01
201	红	T20
301	白	S10

表 4-4-4 供应商关系

供应商号	供应商名	所在城市
B01	张三	北京
S10	李四	广州
T20	王五	重庆
Z01	马六	上海

现在向零件关系插入新的数据,新数据的值如下。能插入的是(　　　)。

Ⅰ:('307','蓝','S10')　　Ⅱ:('101','黄','T20')

Ⅲ:('102','黄','T11')

A. 只有Ⅰ 　　　　　　　　　B. 只有Ⅱ

C. 只有Ⅲ 　　　　　　　　　D. 都不能

9. 属性 A 是关系 R 的主属性,则属性 A 不能取空值,这是(　　　)。

A. 参照完整性规则 　　　　　B. 实体完整性规则

C. 用户定义的完整性 　　　　D. 域完整性规则

10. 下列选项中(　　　)不可对属性值进行直接比较。

A. IN、NOT IN

B. BETWEEN AND、NOT BETWEEN AND

C. AND、OR

D. LIKE、NOT LIKE

11. 关于视图的属性列有如下说法,正确的是(　　　)。

A. 组成视图的属性列名或者全部省略或者全部指定,别无选择

B. 组成视图的属性列名可以省略一部分或者指定一部分,其他隐含在子查询中

C. 组成视图的属性列名应该全部指定

D. 组成视图的属性列名应该全部省略

12. 如果指定了 WITH GRANT OPTION 子句,则获得某种权限的用户具有的权限是(　　　),如果没有指定 WITH GRANT OPTION 子句,则获得某种权限的用户的权限是(　　　)。

A. 可以把这种权限再授予其他的用户;既能使用该权限,也能传播该权限

B. 可以把这种权限再授予其他的用户;只能使用该权限,不能传播该权限

C. 不可以把这种权限再授予其他的用户;不能使用该权限,能传播该权限

D. 不可以把这种权限再授予其他的用户;只能使用该权限,不能传播该权限

13. 下面是关于修改或删除数据库表中记录的步骤,正确的选项是( )。

(1) 用 OPEN 语句打开游标,把所有满足查询条件的记录从指定表取到缓冲区中。

(2) 用 FETCH 语句推进游标指针,并把当前记录从缓冲区中取出来送至主变量。

(3) 用 DECLARE 语句说明游标。

(4) 处理完毕用 CLOSE 语句关闭游标,释放结果集占用的缓冲区和其他资源。

(5) 检查该记录是否是要修改或删除的记录。

A. (1)(2)(3)(4)(5)　　　　　　B. (3)(1)(2)(5)(4)

C. (2)(4)(1)(5)(3)　　　　　　D. (3)(4)(1)(5)(2)

14. 现在有三个关系:学生关系 S(SNO,SNAME,SEX,AGE)、课程关系 C(CNO,CNAME,CREDIT)、学生选课关系 SC(SNO,CNO,GRADE)。根据要求要查找选修"并行算法设计"课程的女学生的姓名,这一查询将涉及( )几个关系。

A. S,C　　　　B. C,SC　　　　C. S,SC　　　　D. S,C,SC

15. 下列关于关系模式与范式的说法中错误的是( )。

A. 任何一个只包含两个属性的关系模式一定属于3NF

B. 任何一个只包含三个属性的关系模式一定属于3NF

C. 任何一个只包含两个属性的关系模式一定属于2NF

D. 任何一个只包含两个属性的关系模式一定属于BCNF

16. ( )不是由于关系模式设计不当引起的。

A. 过失修改　　B. 更新异常　　C. 数据冗余　　D. 插入异常

17. 设有关系模式 $R(A,B,C)$,与 SQL 语句:SELECT DISTINCT A FROM R WHERE B=17等价的关系代数表达式是 ( )。

A. $\pi_A(R)$　　　　　　　　　B. $\sigma_{B=17}(R)$

C. $\pi_A[\sigma_{B=17}(R)]$　　　　　　D. $\sigma_{B=17}[\pi_A(R)]$

18. 下列各因果关系中不正确的是( )。

A. 若 $X{\rightarrow}Y,Y{\rightarrow}WZ$,则有 $X{\rightarrow}W,X{\rightarrow}Z$

B. 若 $XY{\rightarrow}WZ$,则有 $X{\rightarrow}W,Y{\rightarrow}Z$

C. 若 $X{\rightarrow}Y,YW{\rightarrow}Z$,则有 $XW{\rightarrow}Z$

D. 若 $X{\to}Y, W{\to}Z$,则有 $XW{\to}YZ$

19. 设 T_1 和 T_2 为两个事务,它们对数据 X 的并发操作如表 4 - 4 - 5 所列。下列说法中正确的是(   )。

表 4 - 4 - 5 T_1 和 T_2 的并发操作

T_1	T_2
①　请求 SLOCK X,读 $A{=}18$	
②	请求 SLOCK X 读 $X{=}18$
③ $X{=}X{+}18$,写回 $X{=}28$	
UNLOCK X	COMMIT
④	写回 $X{=}18$
	COMMIT
	UNLOCK X

A. 该操作丢失修改

B. 该操作不能重复读

C. 在第②步操作中,事务 T_2 不可能得到对数据 X 的锁

D. 该操作符合完整性要求

20. 并行数据库系统是计算机(   )与数据库技术相结合的产物。

A. 多媒体技术   B. 模糊处理技术

C. 并行处理技术   D. 数据仓库处理技术

三、名词解释

1. 实体及实体集

2. 域

3. 数据库

4. 关系模型

5. 完整性控制

四、问答题

1. 简述实体完整性和参照完整性的内容和意义,并举例说明。

2. 简述数据库管理系统对数据库的保护是通过哪几方面实现的。

3. 试述关系的性质。

五、数据库设计题

1. 假设某单位有一个销售利润登记表,记录了各部门年、季度销售的利润,如表 4 - 4 - 6 所列。

这种表是非规范表。存在的主要问题是:随着年份的增加,表的栏目也随着年份而增加。

表 4 - 4 - 6　销售利润登记表

部门号	部门名	2010				2011				2012				年　份
		1	2	3	4	1	2	3	4	1	2	3	4	季　度
1001	A部门													
1002	B部门													
														利　润

现在要使用计算机存储历年来和今后的各部门销售利润,请按关系的要求将该表修改为规范表,使其长期地记录数据而不用修改结构。新的结构不允许分年度单独建表,属于 3NF,表结构用关系的二维表的形式给出。

2. 某工厂生产若干产品。对于供应部门来说,它要给每种产品供应所需用量的材料,每种产品的生产要使用不同的材料,同一种材料可用于不同的产品。对于生产部门,产品由零件组装而成,同一种零件可用于不同的产品。

这两个部门的局部 E－R 模型如图 4－4－1 所示,现要求:

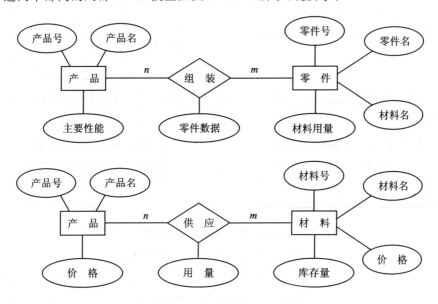

图 4 - 4 - 1　两个部门的局部 E - R 模型

(1) 将两个部门的局部 E - R 图合并为全局的 E - R 图,要求消涂冗余数据和冗余联系。

(2) 把全局的 E - R 图转为关系模式,对每个关系模式求主码和画出函数依赖关系,并判断各关系模式属第几范式。

六、计算题

1. 已知关系 R 和 S 如表 4 - 4 - 7、表 4 - 4 - 8 所列,求关系代数 $R \cap S$、$R - S$、$R \cup S$ 的运算结果。

<table>
<tr><td colspan="3">表 4-4-7　关系 R</td></tr>
</table>

A	B	C
a_3	2	c
a_1	3	d
a_2	3	c

表 4-4-8　关系 S

A	B	C
$a1$	3	d
$a1$	6	d
$a2$	3	c

2. 已知关系 R 和 S 如表 4-4-9、表 4-4-10 所列,求关系代数 R 与 S 在公共属性学号上的自然连接。

表 4-4-9　关系 R

学　号	姓　名	系　名
9801	李一	1
9802	王一	1
9803	张一	1

表 4-4-10　关系 S

学　号	课　程	成　绩
9801	C	89
9802	C	92
9802	FoxPro	88
9803	C	80
9803	BASIC	97

3. 设有三个基本表,表结构如表 4-4-11～表 4-4-13 所列,请用 SQL 语言进行查询。

表 4-4-11　基本表 STUDENT

学　号	姓　名	年　龄	…

表 4-4-12　基本表 SC

学　号	课程号	成　绩

表 4-4-13　基本表 COURSE

课程号	课程名	学　分	…

(1) 检索选修课程号为 C2 的姓名、课程名和成绩,检索结果按成绩从高到低进行排序。

(2) 检索和张强同岁的学生的姓名、课程名和成绩。

(3) 求选课在四门以上的学生的学号、姓名、总学分和平均成绩。

4. 设有工资表 GZ(如表 4-4-13 所列),请编写程序计算出每人的实发工资,并将该单位的各部门各项工资合计和部分部门各项工资总合计存放另一个表 SGZ(如表 4-4-15 所列)中,同时将部门名写上,表 DM(如表 4-4-16 所列)存放部门代码,请用 SQL 语言实现。

表 4 - 4 - 14　工资表 GZ

部门号	职工编号	姓　名	工　资	补　贴	其　他	补发工资
02	01	A				
01	02	B				
…	…					
02	02					

表 4 - 4 - 15　表 SGZ

部门号	部门名	工　资	补　贴	其　他	补发工资
01					
02					
…					
总合计					

表 4 - 4 - 16　表 DM

部门号	部门名
01	A 部门
02	B 部门
…	

参考答案

一、填空题

1. OS(操作系统);DBMS(数据库管理系统)

2. 网状模型;关系模型

3. 概念模式;内模式(或物理模式,或存储模式)

4. 人工管理;文件系统

5. 元组演算;域演算

6. 数据库管理员(或 DBA);最高

7. E-R 图(或实体联系模型);实体的属性

8. 逻辑数据;安全

9. 物理独立性;逻辑独立性

10. 关系;元组

11. 前;后

12. 冒号;主变量

13. 数据缓冲区;EXEC SQL DECLARE<游标名>CURSOR FOR<SELECT 语句>

14. 2NF;3NF

15. 不提供敏感数据值;拒绝查询而无响应

16. 技术安全类;管理安全类

17. CREATE TABLE;企业管理器

18. 密级;密级标记

19. 物理;概念

20. C/S模式;B/S模式

二、选择题

1. C   2. C   3. C   4. A   5. A   6. D   7. D   8. A

9. B   10. C   11. A   12. B   13. B   14. D   15. B   16. A

17. C   18. B   19. A   20. C

三、名词解释

1. 实体是现实世界客观存在并可以相互区别的事物,实体集是同类实体的集合。

2. 域是一组具有相同数据类型的值的集合,是属性的取值范围。

3. 数据库是与应用彼此独立的、以一定的组织方式存储在一起的、彼此相互关联的、具有较少冗余的、能被多个用户共享的数据集合。

4. 关系模型是用关系(或称二维表)的形式来描述实体以及实体之间的联系的一种数据模型,是关系的集合。

5. 完整性控制是指 DBMS 提供必要的功能确保数据库数据的正确性、有效性和相容性,防止错误的数据进入数据库造成无效的操作。

四、问答题

1. 实体完整性指主码的值不能是空值或部分为空值的约束条件。实体完整性用以保证关系中元组的唯一性和它的语义。例如:学生表(学号,姓名,性别,…),学号为主码,不能是空值。

参照完整性指如果关系 R_2 的外码与关系 R_1 的主码相符,那么外码中的每一值必须与 R_1 中某个主码值相等或全为空。目的是定义外码与主码之间的引用规则。例如,学生表(学号,姓名,性别,…),学生选课表(学号,课程,成绩),参照完整性保证向选课表中输入学生的学号必须是学生表中的学号值中的一个,从而保持学生表的学号与选课表的学号之间的约束条件。保证参与选课的学生必须是学生表中的学生,从而保证数据的一致性。

2. 通过以下四方面实现:

(1) 数据的安全性控制。DBMS 采取一定的安全保密措施确保数据库中的数据不被非法用户存取。

(2) 数据的完整性控制。DBMS 提供必要的功能确保数据的正确性、有效性和相容性,防止错误数据进入数据库造成无效操作。

(3) 数据的并发控制。DBMS 必须对多用户并发进程同时存取和修改数据进行控制和协调,以防止互相干扰而得到错误结果。

（4）数据库恢复。当数据库发生故障时,把数据库恢复到故障发生前的某已知正确状态。

3．关系的性质有：

（1）任意两个元组不能全同。

（2）元组是非排序的。

（3）属性是非排序的。

（4）属性必须有不同名称,而不同属性可以来自一个域。

（5）同一属性的诸属性值（同列）是同类型数据,且必须来自同一个域。

（6）所有属性值都是原子的。

五、数据库设计题

1．**解法一**:销售利润二维表如表 4-4-17 所列,主码是部门号＋年度;部门代码表如表 4-4-18 所列,主码是部门号。

表 4-4-17　历年来销售利润登记表

部门号	年　度	1季度	2季度	3季度	4季度
1001					
1002					
...					

表 4-4-18　部门代码表

部门号	部门名
1001	A 部门
1002	B 部门
...	...

解法二:销售利润二维表如表 4-4-19 所列,主码是部门号＋年度＋季度;部门代码表如表 4-4-20 所列,主码是部门号。

表 4-4-19　销售利润二维表

部门号	年　度	季　度	利　润
1001			
1002			
...			

表 4-4-20　部门代码表

部门号	部门名
1001	A 部门
1002	B 部门
...	...

2．（1）合并后的 E-R 图如图 4-4-2 所示。

（2）对应的关系模式如下：

产品（产品号,产品名,价格,主要性能）　　产品∈BCNF

零件（零件号,零件名）　　零件∈BCNF

材料（材料号,材料名,库存量,价格）　　材料∈BCNF

组装（产品号,零件号,零件数量）　　组装∈BCNF

消耗（零件号,材料号,用量）　　消耗∈BCNF

注:带有下划线的属性为主码。

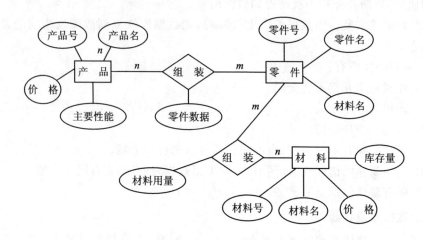

图 4 - 4 - 2   合并后的 E - R 图

六、计算题

1. $R \cap S$、$R - S$ 和 $R \cup S$ 的运算结果如表 4 - 4 - 21～表 4 - 4 - 23 所列。

表 4 - 4 - 21 $R \cap S$ 的运算结果

A	B	C
a_3	2	c
a_1	3	d
a_2	3	c
a_1	6	d

表 4 - 4 - 22 $R - S$ 的运算结果

A	B	C
a_3	2	c

表 4 - 4 - 23 $R \cup S$ 的运算结果

A	B	C
a_1	3	d
a_2	3	c

2. 自然连接如表 4 - 4 - 24 所列。

表 4 - 4 - 24   自然连接

学　号	姓　名	系　名	课　程	成　绩
9801	李一	1	C	89
9802	王一	1	C	92
9802	王一	1	FoxPro	88
9803	张一	1	C	80
9803	张一	1	BASIC	97

3. 各查询的 SQL 实现如下：

（1）

```
SELECT 姓名,课程名,成绩
FROM   STUDENT,SC,COURSE
WHERE STUDENT.学号 = SC.学号 AND SC.课程号 = COURSE.课程号
AND SC.课程号 = "C2"
ORDER  BY  SC.成绩  DESC;
```

（2）

```
SELECT 姓名,课程名,成绩
FROM STUDENT,SC,COURSE
WHERE  STUDENT.学号 = SC.学号 AND SC.课程号 = COURSE.课程号
AND 年龄 IN（SELECT 年龄 FROM STUDENT WHERE 姓名 = "张强"）;
```

或：

```
SELECT X.姓名,课程名,成绩
FROM STUDENT X,SC,STUDENT Y,COURSE
WHERE X,学号 = SC.学号 AND SC.课程号 = COURSE.课程号
AND X.年龄 = Y.年龄 AND Y.姓名 = "张强";
```

（3）

```
SELECT STUDENT.学号,姓名,SUM（学分）AS 总学分,AVG（成绩）AS 平均成绩
FROM STUDENT,SC,COURSE
WHERE STUDENT.学号 = SC.学号 AND SC.课程号 = COURSE.课程号
AND SC.成绩＞ = 60
GROUP BY STUDENT.学号 HAVING COUNT( * )＞ = 4;
```

4. 用 SQL 语句实现：

```
UPDATE GZ SET 实发工资 = 工资 + 补贴 + 其他
SELECT GZ.部门号,DM.部门名,SUM(工资) AS 工资,SUM(补贴) AS 补贴
SUM(其他) AS 其他,SUM(实发工资) AS 实发工资
FROM GZ,DM
WHERE GZ.部门号 = DM.部门号
GROUP BY GZ.部门号
UNION
SELECT "总合计"," ",SUM(工资),SUM(补贴),SUM(其他),SUM(实发工资)
FROM GZ
ORDER BY 1 DESC
ITNO TABLE SGZ
```

模拟试卷五

一、填空题

1. 执行存储过程的 SQL 语句是 _____。修改存储过程的 SQL 语句是 _____。

2. 数据库管理系统有利于实现数据共享,这是因为用户只能操作从 _____ 模式中生成的 _____ 模式。这也有助于数据的安全保密。

3. _____ 是指数据库的整体逻辑结构改变时,尽量不影响用户的逻辑结构以及应用程序。_____ 是指数据库的内模式改变时,不影响外模式及应用程序。

4. 分布式数据库中定义数据分片时,必须满足三个条件。它们是完备性条件、_____、_____。

5. DBMS 中的 _____ 可防止多个用户同时对同一个数据库操作时可能对数据库造成的破坏;它常采用 _____ 机制。

6. 在定义基本表时,将年龄属性限制在 20～40 岁之间的这种数据值的约束属于 DBMS 的 _____,而在一个关系中的保证两元组是不同的的约束则称为 _____。

7. 设 Grade 列目前有三个值:90、80 和 NULL,则 AVG(Grade)的值是 _____,MIN(Grade)的值是 _____。

8. 物理完整性和运行完整性是完整性问题在系统方面的表现,应在 _____ 处理。数据安全性和语义完整性则和用户密切相关,应在 _____ 层解决。

9. 若事务在运行中,由于种种原因,使事务未运行到正常终止点之前就被撤销,则这种情况被称为 _____。为保证数据库的一致性状态,必须进行 _____。

10. 关系模型有两种表达能力相同的形式化查询语言,即 _____ 与 _____。

11. 在一个表上最多可以建立 _____ 个聚集索引,可以建立 _____ 个非聚集索引。

12. 在嵌入式 SQL 中,查询结果为单记录的 SELECT 语句需要用 _____ 子句指定查询结果的存放地点;SQLCA 中有一个 SQLCODE 变量,它存放的是 _____。

13. 关系模式的规范化是指通过 _____,把低一级的关系模式"分离"为若干个高一级的关系模式。规范化的结果不是唯一的,它要求结果既保持原来的函数依赖,又具有 _____。

14. 数据加密的两种方法是置换方法和 _____。密码变换是一种 _____ 的技术。

15. 通常情况下,完整备份、差异备份和日志备份中,备份时间最长的是_____。第一次对数据库进行的备份必须是_____。

16. 数据的物理独立性是指当_____变化时可以保持_____不变。

17. 对关系模式进行分解分化是关系数据库_____设计的一个有力工具,而 E - R 模型是数据库_____设计的一个有力工具。

18. 数据库的物理设计主要考虑数据存储结构、存取方法、_____以及_____等方面的问题。

19. 商品化的 Oracle 产品,主要包含数据库服务器软件、_____和_____等三部分。

20. 在数据库并发控制中,事务同时处于相互等待状态,称为_____,它的诊断一般采用超时法与_____。

二、选择题

1. 下列各项中,(　　)不是数据库系统的组成成员。
   A. 数据库管理系统　　　　　　　B. 数据库管理员
   C. 操作系统　　　　　　　　　　D. 用户

2. 数据的物理独立性是指(　　)。
   A. 概念模式改变,外模式和应用程序不变
   B. 内模式改变,外模式和应用程序不变
   C. 内模式改变,概念模式不变
   D. 概念模式改变,内模式不变

3. 下列关于数据库系统基于日志的恢复的表述中,(　　)是正确的。
   A. 利用更新日记记录中的改前值可以进行 UNDO,利用更新日志记录中的改后值可以进行 REDO
   B. 利用更新日记记录中的改前值可以进行 UNDO,利用更新日志记录中的改前值可以进行 REDO
   C. 利用更新日记记录中的改后值可以进行 UNDO,利用更新日志记录中的改后值可以进行 REDO
   D. 利用更新日记记录中的改后值可以进行 UNDO,利用列新日志记录中的改前值可以进行 REDO

4. 在 SELECT 语句中,以下有关 ORDER BY 子句的叙述中不正确的是(　　)。
   A. ORDER BY 子句可以对多个列进行排序
   B. ORDER BY 只能在所有其他的子句之后作为最后一个子句出现
   C. 子查询中也可以使用 ORDER BY 子句
   D. 在视图中可以使用 ORDER BY 子句

5. 在分组检索中,要去掉不满足条件的分组和不满足条件的记录,应当(　　)。

A. 使用 WHERE 子句

B. 使用 HAVING 子句

C. 先使用 HAVING 子句,再使用 WHERE 子句

D. 先使用 WHERE 子句,再使用 HAVING 子句

6. 与文件系统相比,数据库系统的主要优点是(　　)。

A. 数据库系统能够管理各种各样的文件,文件系统只能管理程序文件

B. 数据库系统简单,文件系统复杂

C. 数据库系统可以方便解决数据冗余与数据独立性问题,文件系统则不能

D. 数据库系统管理的数据量大,而文件系统管理数据量少

7. 一般来说,完整性约束可分为两类:一类来自(　　),另一类来自客观世界的固有性质。

A. 数据模型　　　B. 结构模型　　　　C. 数据结构　　　　D. 物理模型

8. 设关系 R 和关系 S 具有相同的元数,且相应的属性值取自相同的域,则与集合 $\{t/t \in R \wedge t \in S\}$ 等价的运算是(　　)。

A. $R \cup S$　　　　B. $R \cap S$　　　　C. $R \times S$　　　　D. 以上均不正确

9. 当关系 R 和 S 自然连接时,能够把 R 和 S 原该舍弃的元组放到结果关系中的操作是(　　)。

A. 左外连接　　　B. 右外连接　　　　C. 外部并　　　　D. 外连接

10. 下列关于视图的说法中不正确的是(　　)。

A. 视图是虚表

B. 视图属于外模式

C. 使用视图可以简化查询语句的编写

D. 使用视图可以加快查询语句的执行速度

11. 设有关系 $R(A,B,C)$ 和 $S(C,D)$,与 SQL 语句 SELECT A,B,D FROM R,S WHERE R.C=S.C 等价的关系代数表达式是(　　)。

A. $\pi_{A,B,D}(\sigma_{R.C=S.C}(R \bowtie S))$

B. $\sigma_{R.C=S.C}(\pi_{A,B,D}(R \bowtie S))$

C. $\sigma_{R.C=S.C}(\pi_{A,B}(R) \bowtie \pi_D(S))$

D. $\sigma_{R.C=S.C}(\pi_D(\pi_{A,B}(R) \bowtie S))$

12. 下列 SQL 命令中,实现投影操作的是(　　)。

A. ORDER BY　　　　　　　　B. GROUP BY

C. GROUP　　　　　　　　　　D. SELECT

13. 假设 GRADE 是某关系中的一个属性,其值可以为 NULL。在 SQL 中,下列涉及空值的操作中不正确的是(　　)。

A. GRADE IS NULL　　　　　　B. GRADE=NULL

C. GRADE IS NOT NULL　　　　D. NOT(GRADE IS NULL)

14. 在嵌入式 SQL 中,必须使用游标的 SQL 语句有(   )。

    A. 非 CURRENT 形式的 DELETE 语句

    B. 非 CURRENT 形式的 UPDATE 语句

    C. 查询结果为多条或单条记录的 SELECT 语句

    D. 查询结果为多条记录的 SELECT 语句

15. 在 Oracle 的并发控制技术中,最常用的是封锁方法。对于共享锁(S)、排它锁(X),两者的相容关系中,(   )是不正确的。

    A. S/X:No   D. X/S:No   C. S/S:Yes   D. X/X:Yes

16. 关系 Worker(职工号,姓名,工种,定额)会存在很大的冗余,故对其分解,下列分解结果最合理的是(   )。

    A. Worker1(职工号,姓名),Worker2(工种,定额)

    B. Worker1(职工号,工种,定额),Worker2(工种,姓名)

    C. Worker1(职工号,姓名,工种),Worker2(工种,定额)

    D. 以上都不对

17. 设关系 R、S 分别为 3 元数、4 元数,$T=R \times S$,则关系 T 的元数是(   )。

    A. 7   B. 3   C. 12   D. 16

18. 下列叙述中正确的是(   )。

(1) 数据库系统最基本的特点是数据库系统管理的数据没有冗余。

(2)"数据库系统"和"数据库管理系统"含义基本相同,在使用上可以通用。

(3) 数据库管理系统是数据库中程序和数据的总称。

(4) 数据库管理系统是对数据库中数据进行处理的一组应用程序。

(5) 数据库管理员(DBA)是设计和实现数据库管理系统的一组人员。

(6) 数据库管理员(DBA)是负责全面地管理数据库系统的工作的一组人员。

(7) 商品化的数据库系统中最常见的三种数据模型是层次模型、网状模型和关系模型。

(8) 网状模型和关系模型都是格式化的数据模型。

(9)"授权"是数据库系统中采用的完整性措施之一。

(10) 数据的完整性是指保护数据以防止不合法的使用。

(11) 在 E-R 图中,为表示多元联系,必须引进联结记录型。

(12) 用对关系的运算来表达查询的语言称为代数式语言,简称关系代数。

(13) 关系数据语言是一个查询语句的结果,是一个满足查询条件的元组。

(14) SQL 不但能由联机终端用户在交互式环境下使用,而且也可以嵌入到主语言程序中使用。

(15) SQL 中的 View 是由基本表导出的虚表。

    A. (6)、(7)、(12)、(13)、(14)   B. (1)、(3)、(5)、(9)、(11)

C．（6）、（7）、（12）、（14）、（15）　　　　D．（2）、（8）、（9）、（11）、（15）

19．裸设备在 Oracle 中是指（　　）。

A．指绕过文件系统直接访问的存储空间

B．未加密的数据库表

C．加密的数据库

D．计算机硬件

20．在数据仓库系统的三个组成部分中,居于核心地位的是(　　)。

A．OLAP　　　　　　　　　　　B．关系数据库管理系统

C．数据仓库管理系统　　　　　　D．数据仓库

三、名词解释

1．游标

2．函数依赖

3．先写日志

4．丢失更新

5．数据抽象

四、简答题

1．简述死锁发生的条件。

2．并发操作可能会导致哪些不一致性?

3．为什么要进行关系模式的分解? 分解应遵守的准则是什么?

五、数据库设计题

1．某单位的科研人员情况登记表如表 4-5-1～表 4-5-3 所列,现在要使用数据库将所有科研人员的情况进行管理。请设计关系模型,要求模型中的关系模式属于 3NF,并指出主码和函数依赖。

表 4-5-1　个人基本信息表

编　号		姓　名		性　别		年　龄		职　称	
部　门						电　话			
家庭住址									

表 4-5-2　家庭情况表

身份证号	姓　名	关　系	工作单位	收　入
1101…	张君	父亲	AAAA	1 200
1101…	李丽	母亲	CCCC	1 000
1101…	王芳	妻子	DDDD	800

表 4 - 5 - 3　获奖情况表

证书编号	名　称	授予部门	年　份
X1995 - 001	三好生	××大学	1995
X1996 - 001	三好生	××大学	1996
X2001 - 1 - 001	科技部进步一等奖	×部	2001

2. 某研究所要对科研项目进行计算机管理。该研究所有若干科研人员,每个人有职工号(唯一的)、姓名、性别、专业、研究方向、所在办公室等,每个科研项目的信息包括研究项目号(唯一的)、名称、起始时间和完成时间、经费额、来源、负责人、参加项目的每个人所承担的任务等信息。该研究所规定,一个科研项目可以有多名科研人员参加。一名科研人员也可以参加多个研究项目。每个项目由一名科研人员负责,一名科研人员可以负责多个项目。每间办公室有房间编号(唯一的)、面积和办公电话,一间办公室可以有多个科研人员办公,一名科研人员只能在一间办公室办公。请依照以上信息设计此管理系统的 E - R 模型。

3. 请将如图 4 - 5 - 1 所示的实体联系模型(E - R 图)转换成关系模型,指出每个关系的主码。

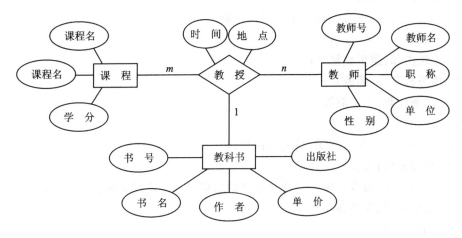

图 4 - 5 - 1　E - R 图

六、计算题

1. 设有一个关系数据库,有三个基本表,关系模式为:STUDENT(学号,姓名,年龄,性别,系号)、SC(学号,课程号,成绩)、COURSE(课程号,课程名,学时数)。

(1) 请用关系代数查询信息系(系号为 08)学生的学号、姓名、课程号和成绩。

(2) 请查询 STUDENT 中女同学的情况,并在 SC 中添加新的记录("S10001","C++",98)。请用 SQL 语言实现。

（3）请用 SQL 语言检索比学号为 S10001 的学生大 3 岁的学生的学号、姓名和年龄。

（4）请用 SQL 语言创建一个视图 ST－VIEW，检索选修课程在 10 门以上的学生的系号、学号、姓名、最低分、最高分、平均分和选课门数，其结果要求按系号、平均分排序（降序）。

（5）请用 SQL 语言检索至少选修了与学号是 S10003 的学生选修的课程全部相同的学生的学号和姓名。

2. 设有工资表 GZ(部门号，职工编号，姓名，工资，补贴，其他，扣税)和部门代码表 DM(部门号，部门名)，请用 SQL 语言按表 GZ 建立分部门各项工资合计视图 SGZ。

参考答案

一、填空题

1. EXEC（EXECUTE）；ALTER PROC

2. 概念；外

3. 逻辑独立性；物理独立性

4. 重构条件；不相交条件

5. 并发性控制；封锁

6. 用户定义完整性控制；实体完整性控制

7. 85；80

8. 系统内部；逻辑数据结构

9. 事务故障；故障恢复

10. 关系代数；关系演算

11. 一；多

12. INTO；每次执行 SQL 后返回的代码

13. 投影分解；无损连接性

14. 移位方法；将数据编码以便在网络的通信过程中隐藏其内容

15. 完整备份；完整备份

16. 内模式；模式

17. 逻辑结构；概念结构

18. 存取路径；如何分配存储空间

19. 应用服务器软件；连接软件

20. 死锁；事务等待图法

二、选择题

1. C　　2. C　　3. A　　4. C　　5. D　　6. C　　7. A　　8. B

9. D　　10. D　　11. A　　12. D　　13. B　　14. D　　15. D　　16. C

17. C　　18. C　　19. A　　20. D

三、名词解释

1. 游标：游标是系统为用户开设的一个数据缓冲区，存放 SQL 语句的执行结果，每个游标区有一个名字。用户可以通过游标逐一获取记录，并赋给主变量，交由宿主语言处理。

2. 函数依赖：设关系模式 $R(U, F)$，U 是属性全集，F 是 U 上的函数依赖集，X 和 Y 是 U 的子集，如果对于 $R(U)$ 的任意一个可能的关系 r，对于 X 的每一个具体值，Y 都有唯一的具体值与之对应，则称 X 决定函数 Y，或 Y 函数依赖于 X，记作 $X{\to}Y$。我们称 X 为决定因素，Y 为依赖因素。

3. 先写日志：先写日志是在事务执行前，先建立日志文件，再执行操作。先写日志有利于故障的恢复。

设立日志文件的目的，是为了记录对数据库中数据的每一次更新操作，从而使 DBMS 可以根据日志文件进行事务故障的恢复及系统故障的恢复，并可结合后援副本进行介质故障的恢复。

4. 丢失更新：A、B 两个事务读同一数据并进行更新，事务 B 的修改结果破坏了事务 A 的更新结果。

5. 数据抽象：数据抽象是对实际的人、物、事和概念进行人为处理。抽取所关心的共同特性，忽略非本质的细节，并把这些特性用各种概念精确地加以描述。这些概念组成了某种模型，如 E-R 模型。

四、简答题

1. 死锁发生的条件是：

（1）程序对数据库封锁采用排它式封锁。

（2）程序已经对某些数据资源进行了加锁，但仍然继续对新的数据资源加锁，但又不释放原有的资源。

（3）对加锁的数据资源不使用，但又不释放给其他程序用。

（4）允许程序等待其他程序数据资源的释放，程序间对数据的加锁请求形成互相等待状态。

2. 并发操作通常会有如下三类问题造成数据的不一致性：

（1）丢失更新：A、B 两个事务读同一数据并进行更新，B 的修改结果破坏了 A 的更新结果。

（2）读"脏"数据：事务 A 更新了数据 X，事务 B 读了 A 更新后的数据 X，事务 A 由于某种原因被撤销，更改无效。数据 X 恢复原值，而 B 得到的数据与数据库内容不一致。

（3）不能重复读：事务 A 读取数据 X，事务 B 读取并更新了数据 X，事务 A 再次读取 X 以进行校核，得到的两次读取值不一致。

3. 关系模式分解指采用投影的方式将一个关系模式 $R(u)$ 分解为 $R_1(u_1)$,…,$R_k(U_k)$,其中不存在 $U_i \subseteq U_j (1 \le i,j \le k)$,并且 $U_1 \cup U_2 \cup \cdots \cup U_k = U$。

关系模式分解是规范化的主要手段,通过关系模式分解可以把一个低一级范式的关系模式分解为若干个高一级范式的关系模式的集合,从而消除关系操作中的异常。关系模式分解应保证关系的无损连接性和依赖保持性。

五、数据库设计题

1. 对应的关系模式如下:

职工(编号,姓名,年龄,职称,部门,家庭住址,电话);主码:编号

家庭情况(编号,身份证号,姓名,关系,工作单位,收入);主码:编号＋身份证号

获奖情况(编号,证书编号,名称,授予部门,年代);主码:编号＋证书编号

2. 与题目信息对应的 E-R 模型如图 4-5-2 所示。

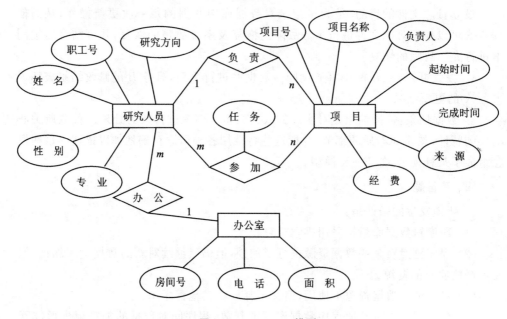

图 4-5-2　E-R 模型

3. 与 E-R 图对应的关系模式如下:

课程(课程号,课程名,学分);主码:课程号

教师(教师号,教师名,职称,单位,性别);主码:教师号

教科书(书号,书名,出版社,单价,作者);主码:书号

教授(课程号,教师号,书号,时间,地点);主码:课程号＋教师号

六、计算题

1.

(1) $\pi_{学号,姓名,课程号,成绩}(\sigma_{系号="08"}(\text{STUDENT} \bowtie \text{SC}))$

（2）SQL 的实现语句为：

```
SELECT *
FROM STUDENT WHERE 性别 = "女"
INSERT INTO SC VALUES("S10001","C ++ ",98);
```

（3）SQL 的实现语句为：

```
SELECT 学号,姓名,年龄
FROM STUDENT
WHERE(年龄 - 3) = (SELECT 年龄 FROM STUDENT WHERE 学号 = "S10001");
```

（4）SQL 的实现语句为：

```
CREATE VIEW ST - VIEW 系号,学号,姓名,最低分,最高分,平均分,选课门数 AS
SELECT 系号,STUDENT.学号,姓名,MIN(成绩),MAX(成绩),AVG(成绩),COUNT( * )
FROM STUDENT,SC
WHERE STUDENT.学号 = SC.学号
GROUP BY STUDENT.学号 HAVING COUNT( * )＞ = 10
ORDER BY 系号,平均分 DESC
```

（5）SQL 的实现语句为：

```
SELECT 学号,姓名
FROM STUDENT
WHERE NOT EXISTS
(SELECT *
FROM SC SCX
WHERE SCX.学号 = "S10003" AND NOT EXISTS
(SELECT *
FROM SC SCY
WHERE SCY.学号 = STUDENT.学号 AND SCY.课程号 = SCX.课程));
```

2. SQL 的实现语句为：

```
CREATE VIEW SGZ
AS SELECT GZ.部门号,部门名,SUM(工资)AS 工资,SUM(补贴)AS 补贴,SUM(其他)AS 补贴,SUM
(扣税)AS 扣税,SUM(工资 + 补贴 + 其他 - 扣税)AS 实发工资
FROM GZ,DM
WHERE GZ.部门号 = DM.部门号
GROUP BY GZ.部门号.
UNION
SELECT "合计",SUM(工资),SUM(补贴),SUM(其他),SUM(扣税),SUM(工资 + 补贴 + 其他 - 扣税)
FROM GZ ORDER BY 1
```

模拟试卷六

一、判断题

1. 判断下列关系模式分别属于哪个范式(最高范式),并说明理由。

   (1) $R(\{A,B,C\},\{(A,C)\to B,(A,B)\to C,B\to C\})$

   (2) $R(\{S\#,SD,SL,SN\},\{S\#\to SD,S\#\to SL,S\#\to SN,SD\to SL\})$

2. 判断下述命题是否正确。若不正确,试给出正确答案。

   如果一组事务是按照一定顺序执行的,则称这组事务是可串行化的。

二、简答题

1. 在数据库中,为什么要有并发控制机制?

2. 试述数据库中完整性的概念、类型及你所了解的系统完整性检查方法。

3. 什么是数据库模型?试述其组成。

4. 什么是数据库系统的三级模式结构?这种体系结构的优点是什么?

5. 什么是日志文件?简述利用日志文件恢复事务的过程。

三、设计题

某医院病房的计算机管理系统中需要下述信息:

科室:科室名,科室地址,科室电话

病房:病房号,床位号,科室名

医生:工作证号,姓名,职称,科室名,年龄

病人:病历号,姓名,性别,诊治,主管医生,病房号

其中:一个科室有多间病房、多位医生;一间病房只属于一个科室;一位医生只属于一个科室,但是可以负责多位病人的诊治;一位病人的主管医生只能有一位。

请完成以下设计:

(1) 设计该计算机管理系统的 E-R 图。

(2) 将该 E-R 图转换为关系模型结构。

(3) 指出转换结果中每个关系模式的候选码。

四、求解题

设有关系模式 $R(C,T,S,N,G)$,其中 C 代表课程,T 代表教师的职工号,S 代表学生的学号,N 代表学生的姓名,G 代表分数(成绩)。其函数依赖集 $F=\{C\to T,CS\to G,S\to N\}$,即每门课程由一位教师讲授,每名学生选修的每门课程只有一个成绩,学生的学号决定其姓名。试求:

(1) 该关系模式的候选码(根据候选码的定义,给出求解过程)。

（2）将该模式分解成既符合 BCNF，又具有无损连接的若干关系模式（要求给出具体过程）。

（3）将 R 分解成 $R_1(C,T,S,G)$ 和 $R_2(C,S,N,G)$，试说明它们各自符合第几范式。

五、问答题

图书流通数据库中有 3 个关系：读者关系、图书关系、借阅关系，它们所含的属性及码分别如下：

READER(CARDNO,SNAME,DEPT)，KEY＝CARDNO

BOOKS（BCALLNO，TITLE，AUTHOR，BOOKNO，PUBHOU，PRICE），KEY＝BCALLNO

LOANS(CARDNO,BCALLNO,DATE)，KEY＝(CARDNO,BCALLNO)

其中：

CAEDNO——借书证号；

SNAME——姓名；

DEPT——单位；

BOOKNO——图书登记号（一本书对应于一个图书登记号，例如《数据库系统概论》一书有一个图书登记号 RD DB 1801 001～RD DB 1801 060）；

DATE——借书日期；

BCALLNO——索引号（每一本书对应有一个索引号，例如图书馆中有 60 本《数据库系统概论》，就有 60 个索引号）；

TITLE——书名；

AUTHOR——作者；

PUBHOU——出版单位；

PRICE——价格。

要求用关系代数和 SQL 语句分别表示以下查询：

（1）查询借阅《数据库系统概论》的读者姓名。

（2）找出 1994 年 1 月 1 日前被借出的图书的书名和作者。

（3）作者王平所著的《操作系统》一书共借出几本？（仅用 SQL 语句查询）

参考答案

一、判断题

1.

（1）1NF

由题目可知，关系 R 的候选码为 (A,C) 和 (A,B)。$B{\rightarrow}C$ 表明存在对码的部分依赖，所以只能是 1NF。

(2) 2NF

由题目可知,关系 R 的码为 S#。模式中存在对码的传递依赖。

2. 错误。

依据可串行化的定义,多个事务并发执行,当且仅当其执行结果与这组事务按照某种次序串行执行的结果相同时,才能称这种调度策略是可串行化的。各种调度策略会产生不同的结果,但未必与串行执行的结果相同,所以它们都不是可串行化的。

二、简答题

1. 数据库是一个共享资源,它允许多个用户同时存取、修改同一数据。若系统对并发操作不施加控制,就有可能产生错误的结果,如存取和存储不正确的数据、破坏数据库的一致性等。并发控制的目的就是要以正确的方式调度并发操作,避免造成不一致性,使一个事务的执行不受另一个事务的干扰。

2. 数据库的完整性是指数据的正确性和相容性,用于防止不合语义的数据进入数据库。

SQL 标准通过一系列概念来描述完整性,包括关系模型的实体完整性、参照完整性和用户定义完整性。

系统完整性的检查方法有很多种。例如:在一条语句执行完毕后立即检查是否违背完整性约束,即立即执行完整性检查;有时完整性检查延迟至整个事务执行结束后再进行,检查结果正确方可提交,即延迟执行约束完整性检查。

3. 数据模型是数据库中用来对现实世界进行抽象的工具,是数据库中用于提供信息表示和操作手段的形式构架。不同的数据模型是提供模型化数据和信息的不同工具。

根据应用目的的不同,可以将数据模型分成两类或两个层次:一个是概念模型,是按照用户的观点来对数据和信息建模,用于信息世界的建模;另一个是数据模型,是按照计算机系统的观点对数据建模,用于机器世界。

一般来讲,数据模型是严格定义的概念的集合。这些概念精确地描述系统的静态特性、动态特性和完整性约束条件。

数据模型通常由数据结构、数据操作和完整性约束条件三部分组成。

(1) 数据结构是所研究的对象类型的集合,是对系统静态特性的描述。

(2) 数据操作是指对数据库中各种对象(型)的实例(值)所允许执行的操作的集合,包括操作及有关的操作规则,是对系统动态特性的一种描述。

(3) 数据的完整性约束条件是完整性规则的集合。完整性规则是给定的数据模型中数据及其关系所具有的制约和依存规则,用以限定符合数据模型的数据库状态及其变化,保证数据的正确、有效、相容。

4. 数据库系统的三级模式结构由外模式、模式和内模式组成,其中:外模式也称为子模式或用户模式,是数据库用户所看到的数据视图;模式也称为逻辑模式,是数据库中全体数据的逻辑结构和特性的描述,是所有用户的公共数据视图;内模式也称为存储模式,是数据在数据库系统内部的表示,即对数据的物理结构和存储方式的描述。

模式所描述的是数据的全局逻辑结构。外模式涉及数据的局部逻辑结构,通常是模式的子集。

这种体系结构的优点为:数据库系统的三级模式是针对数据的三个抽象级别,它把数据的具体组织留给 DBMS 管理,使用户能逻辑抽象地处理数据,不必关心数据在计算机中的表示方式和存储方式。为了能够在内部实现这 3 个抽象层次的联系和转换,数据库系统在这三级模式之间提供了两层映像:外模式/模式映像和模式/内模式映像。正是这两层映像保证了数据库系统中的数据能够具有较高的逻辑独立性和物理独立性。

5. 日志文件是用来记录事务对数据库所执行的更新操作的文件。

用日志文件恢复事务(即事务故障的恢复)的过程如下:

(1) 反向扫描文件日志(从后向前扫描日志文件),查找该事务的更新操作。

(2) 对该事务的更新操作执行逆操作,即将日志记录中"更新前的值"写入数据库。如果在日志记录中执行插入操作,则执行删除操作;如果在日志记录中执行删除操作,则执行插入操作;如果是执行修改操作,则利用修改前的值代替修改后的值。

(3) 继续反向扫描日志文件,查找该事务的其他更新操作,并做同样的处理。

(4) 如此处理下去,直至读到此事务的开始标记,就完成了事务故障的恢复。

三、设计题

(1) 本题的 E-R 图如图 4-6-1 所示。

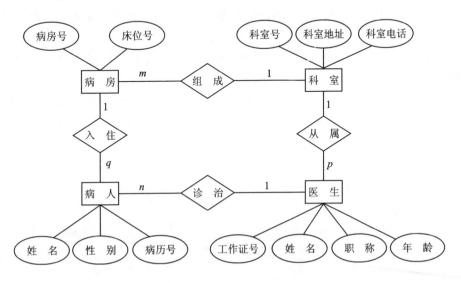

图 4-6-1 E-R 图

(2) 对应的关系模型结构如下:

科室(<u>科室名</u>,科室地址,科室电话)

病房(<u>病房号,床位号</u>,科室号)

医生(<u>工作证号</u>,姓名,职称,科室名,年龄)

病人(<u>病历号</u>,姓名,性别,诊治,主管医生,病房号)

(3) 每个关系模式的候选码如下:

科室的候选码是科室名;

病房的候选码是(病房号,床位号);

医生的候选码是工作证号;

病人的候选码是病历号。

四、求解题

(1) 只有一个码(C,S)。

求解过程:令$U=\{C,T,S,N,G\}$,$F=\{C\rightarrow T,CS\rightarrow G,S\rightarrow N\}$,$C_F^+=\{C,T\}$,$S_F^+=\{S,N\}$,$CS_F^+=\{C,S,T,G,N\}=U$,所以只有一个码$(C,S)$。

(2) 分解成$R_1(C,T)$,$R_2(S,N)$,$R_3(C,S,G)$。

按照分解法,求解步骤如下:

① 因为$C\rightarrow T$不满足BCNF,所以令$U_{11}=\{C,T\}$,$U_{12}=\{C,S,N,G\}$;

② 因为$S\rightarrow N$不满足BCNF,所以令$U_{21}=\{S,N\}$,$U_{22}=\{C,S,G\}$;

③ 因为$CS\rightarrow G$不满足BCNF,故算法停止,$U_{31}=\{C,S,G\}$。

U_{11}、U_{21}、U_{31}即为分解结果。

(3) $R_1(C,T,S,G)$和$R_2(C,S,N,G)$都是1NF,因为都存在非主属性对码的部分函数依赖。

R_1的$F_1=\{C\rightarrow T,CS\rightarrow G\}$,码是$(C,S)$,而$F_1$中有$C\rightarrow T$,是对码的部分函数依赖。

R_2的$F_2=\{CS\rightarrow G,S\rightarrow N\}$,码是$(C,S)$,而$F_2$中有$S\rightarrow N$,是对码的部分函数依赖。

五、问答题

1.

```
SELECT SNAME
FROM READER,BOOKS,LOANS
WHERE READER.CARDNO = LOANS.CARDNO AND
      LOANS.BCALLNO = BOOKS.BCALLNO AND
          BOOKS.TITLE = "数据库"
```

$\pi_{Sname}(\sigma_{BOOKS.TITLE = "数据库"}(READER \underset{READER.CARDNO = LOANS.CARDNO}{\bowtie} LOANS \underset{LOANS.BCALLNO = BOOKS.BCALLNO}{\bowtie} BOOKS))$

2.

```
SELECT DISTINCT(TITLE,AUTHOR)
FROM BOOKS,LOANS
WHERE BOOKS.BCALLNO = LOANS.BCALLNO AND DATE＜940101
```

$\pi_{\text{Sname}}(\sigma_{\text{DATE}<940101}(\text{LOANS}\bowtie_{\text{BOOKS.BCALLNO} = \text{LOANS.BCALLNO}}\text{BOOKS}))$

3.

```
SELECT COUNT( * )
FROM LOANS,BOOKS
WHERE BOOKS.BCALLNO = LOANS.BCALLNO AND
      TITLE = "操作系统" AND AUTHOR = "王平"
```

模拟试卷七

一、选择题

1. 五种基本的关系代数运算是(　　)。

　　A. $\cup,-,\times,\pi$ 和 σ　　　　　　　　B. $\cup,-,\bowtie,\pi$ 和 σ

　　C. $\cup,\cap,\times,\pi$ 和 σ　　　　　　　　D. $\cup,\cap,\bowtie,\pi$ 和 σ

2. 设关系表:职工(职工号,姓名,领导职工号),其中职工号是主码,领导职工号是外码,当前表中没有任何数据。现在依次向表中插入如下数据:

　　(1)(e1,Tom,e2)

　　(2)(e2,Jetty,null)

　　(3)(null,Foo,null)

　　(4)(e3,Fake,e2)

　　(5)(e1,Ghost,e3)

　　(6)(e4,Who,e1)

　　则最终该表中有(　　)行数据。

　　A. 2　　　　　　　　B. 3　　　　　　　　C. 4　　　　　　　　D. 5

3. DBMS 中实现事务持久性的子系统是(　　)。

　　A. 安全性管理子系统　　　　　　B. 完整性管理子系统

　　C. 并发控制子系统　　　　　　　D. 恢复管理子系统

二、简答题

1. 什么是数据模型及其要素?

2. 文件系统的特点及其缺点是什么?

3. 什么是数据库恢复技术?简述数据库恢复的基本技术。

三、求解题

在供应销售数据库中有以下三个关系模式:

供应商:S(SNO,SNAME,CITY,STATUS)

零件:P(PNO,PNAME,WEIGHT,COLOR,CITY)

供货:SP(SNO,PNO,QTY)

其中,供货关系 SP 表示某供应商 SNO 供应了零件 PNO,供应数量为 QTY。

用 SQL 语言完成以下几项操作:

(1)求供应红色零件的供应商的名字。

(2)求北京供应商的号码、名字和状况(STATUS)。

（3）求零件 P2 的总供应量。

（4）把零件 P2 的重量增加 5，颜色改为黄色。

四、问答题

已知关系模式 $R<U,F>$，$U=\{A,B,C,D,E,G\}$，$F=\{AC\rightarrow B,BC\rightarrow D,A\rightarrow BE,E\rightarrow CG\}$。试问：$AB$、$BC$、$AC$ 是否是关系 R 的候选码？

五、综合题

现有关系模式如下：

Teacher（Tno，Tname，Tel，Department，Bno，Bname，BorrowDate，RDate，Backup）

其中：

Tno——教师编号；

Tname——教师姓名；

Tel——电话；

Department——所在部门；

Bno——借阅图书编号；

Bname——书名；

BorrowDate——借书日期；

RDate——还书日期；

Backup——备注。

该关系模式的属性之间具备通常的语义，例如：教师编号函数决定教师姓名，即教师编号是唯一的；借阅图书编号决定书名，即借阅图书编号是唯一的；等等。

试回答：

（1）教师编号是候选码吗？试说明理由。

（2）写出该关系模式的主码。

（3）该关系模式中是否存在部分函数依赖？如果存在，请写出其中的两个。

（4）要将一个 1NF 关系模式转化为若干 2NF 关系模式，应该如何做？

（5）该关系模式最高满足第几范式？试说明理由。

（6）将该关系模式分解为 3NF。

参考答案

一、选择题

1. A　　2. C　　3. D

二、简答题

1. 数据库模型是数据库中用来对现实世界进行抽象的工具，是数据库中用于提供信息表示和操作手段的形式架构。

一般来讲，数据模型是严格定义的概念的集合。这些概念精确地描述系统的静态特性、动态特性和完整性约束条件。因此数据模型通常由数据结构、数据操作和完整性约束条件三部分组成。

(1)数据结构:指所研究的对象类型的集合,是对静态特性的描述。

(2)数据操作:指对数据库中各种对象(型)的实例(值)所允许执行的操作的集合,包括操作及其规则,是对系统动态特性的描述。

(3)完整性约束条件:指完整性规则的集合。完整性规则是给定的数据模型中数据及其关系所具有的约束和依存规则,用以限定符合数据模型的数据库状态及其变化,以保证数据的正确性、有效性、相容性。

2. 文件系统的特点:数据可以长期保存,把数据组织成相互独立的数据文件,利用"按文件名访问,按记录存取"的技术,可以对文件执行修改、插入和删除操作。实现了记录的结构性,但整体并无结构。应用程序和数据具有一定的独立性,程序员不必过多地考虑物理细节,减小了程序维护的工作量。

文件系统的缺点:数据共享性差,冗余度大,数据独立性差。

3. 把数据库从错误状态恢复到某已知的正确状态(即一致状态或完整状态),就是数据库恢复。

数据库恢复的基本技术是数据转储和登录日志文件,即根据存储在系统某处的冗余信息来恢复数据库系统。转储是 DBA 按照一定的策略将数据库复制到磁带或另一个磁盘上保存起来的过程。日志文件是用来记录对数据库所做的所有更新操作的文件,包括数据库内部的更新操作。不同数据库系统所采用的日志文件格式是不同的。

若系统在运行过程中发生故障,利用转储的数据库后备副本和日志文件就可以将数据库恢复到故障发生前的某个一致性状态。

三、求解题

1.

```
SELECT SNAME
FROM   S
WHERE  SNO IN
    (SELECT SNO
     FROM  P,SP
     WHERE P. COLOR = "红色" AND P. PNO = SP. PNO);
```

2.

```
SELECT SNO,SNAME,STATUS
FROM   S
WHERE  S. CITY = "北京";
```

3.

```
SELECT SUM(QTY)
FROM  SP
WHERE  PNO = 'P2';
```

4.

```
UPDATE P
SET  WEIGHT = WEIGHT + 5,COLOR = "黄色"
WHERE  PNO = 'P2';
```

四、问答题

答：BC 不是候选码，AB、AC 是超码。

解析：

分别求出 AB_F^+ ;AC_F^+ ;BC_F^+ ;

$AB_F^+=U$;$AC_F^+=U$;$BC_F^+=\{B,C,D\}$;可以推出 BC 不是候选码；

进一步分析可知，$AC_F^+=U$，即 AB 和 AC 都不是候选码的最小集，可以得出 AB 和 AC 是超码；码应该是 A。

五、综合题

（1）教师编号 Tno 不是候选码。

因为教师→书名（Tno→Bname）不成立，根据候选码的定义可知 Tno 不是候选码。

（2）该关系模式的主码是（Bno,Tno,BorrowDate）。

（3）存在部分函数依赖，如（Tno→Department）、（Bno→Bname）。

（4）找出其中存在的所有码，找出非主属性对码的部分依赖，将该关系模式分解为两个或两个以上的关系模式，使得分解后的关系模式中均消除了非主属性对码的部分依赖。

（5）关系模式 Teacher 最高满足 1NF，因为存在非主属性对码的部分函数依赖，如（Tno→Department）、（Bno→Bname）。

（6）

BK（Bno,Bname）,F1＝{Bno→Bname}

TH（Tno,Tname,Tel,Department）,F2＝{Tno→Tname,Tno→Tel,Tno→Department}

TBB（Tno,Bno,BorrowDate,RDate,Backup）

F3＝{（Tno,Bno,BorrowDate）→RDate,（Tno,Bno,BorrowDate）→Backup}

模拟试卷八

一、选择题

1. 下列聚集函数中,不忽视空值(NULL)的是( )。
   A. COUNT(＊)
   B. MAX(列名)
   C. SUM(列名)
   D. AVG(列名)

2. 当关系 R 和 S 自然连接时,能够把 R 和 S 中应该舍弃的元组放到结果关系中的操作是( )。
   A. 左外连接
   B. 右外连接
   C. 外部并运算
   D. 外连接

3. 在数据库设计中,将 E－R 图转换成关系数据模型的过程属于( )。
   A. 需求分析阶段
   B. 概念设计阶段
   C. 逻辑设计阶段
   D. 物理设计阶段

二、简答题

1. 简述数据库管理系统的主要功能。

2. 对于以下关系 R,指出是否存在多值依赖 $C \rightarrow\rightarrow HR$,为什么?

C	T	H	R	S	G
C_1	T_1	H_1	R_1	S_1	G_1
C_1	T_1	H_2	R_2	S_1	G_1
C_1	T_1	H_1	R_1	S_2	G_2

3. 在关系数据库中,为了提高查询效率,在物理实现时,对存储结构会有哪些考虑?

三、求解题

1. 某学校教学数据库,包括学生、课程、教师、学生成绩 4 个关系:

学生关系 S(SNO,SN,AGE,SEX),包括学号、学生姓名、年龄、性别等属性;

课程关系 C(CNO,CN,PCNO),包括课程号、课程号、选修课课程号等属性;

教师关系 T(ENO,EN,DEPT),包括职工号、职工姓名、性别等属性;

学生成绩 SC(SNO,CNO,ENO,G),包括学号、课程号、任课教师职工号和学生学习成绩等属性。

试分别用关系代数和关系演算完成下列操作:

(1)求选修所有课程且成绩全部都为 A 的学生姓名。

(2)求选修王平老师所讲授的所有课程的学生姓名。

(3)求不选修信息系老师所开设的所有课程的学生姓名。

2. 供应商-零件-工程项目数据库由以下 4 个关系模式构成：

S(SNO,SNAME,STATUS,CITY)

P(PNO,PNAME,COLOR,WEIGHT,CITY)

J(JNO,JNAME,CITY)

SPJ(SNO,PNO,JNO,QTY)

供应商 S、零件 P 和工程项目 J 分别由供应商号(SNO)、零件号(PNO)和工程项目号(JNO)唯一标识。供货关系 SPJ 是指由某个供应商向某个工程项目供应某些数量的某种零件。

试用 SQL 语言完成以下操作：

(1) 找出为北京的工程项目所提供的不同零件的零件号。

(2) 将未供货的所有工程项目从 J 中删除。

(3) 查询提供全部零件的供应商的名称。

(4) 查询这样的工程项目号：供给该工程项目的零件 P_1 的平均供应量大于供给工程项目 J_1 的任何一种零件的最大供应量。

(5) 定义一个视图，它由所有具有这种特点的工程项目(工程项目号与所在城市名称)组成：它们由供应商 S_1 供货且使用零件 P_1。

四、设计题

某学校有若干系，每个系有若干学生、若干课程，每名学生选修若干课程，每门课有若干学生选修，某一门课程可以为不同的系开设，现要建立该校学生选修课程的数据库。试设计：

(1) 关于此学校数据库的 E - R 图。

(2) 把该 E - R 图转换成关系模型。

五、问答题

设有以下两个事务：

T_1：读 B；$A = B + 1$；写回 A。

T_2：读 A；$B = A + 1$；写回 B。

(1) 若这两个事务并发执行，列举可能的结果。并发事务的执行是否正确的判断标准是什么？

(2) 试给出一个可串行化调度，并给出执行的结果。

参考答案

一、选择题

1. A 　　 2. D 　　 3. C

二、简答题

1. 数据库管理系统的主要功能如下：

(1) 数据库的定义和创建功能。

(2) 数据存取功能。

(3) 数据库的事务管理和运行管理功能。

(4) 数据组织、存储和管理功能。

(5) 数据库的建立和维护功能。

(6) 其他功能。

2. 不存在多值依赖:$C \twoheadrightarrow HR$。

按照多值依赖的定义,设 $R(U)$ 是属性 U 上的一个关系模式,X、Y、Z 是 U 的子集,并且 $Z=U-X-Y$。关系模式 $R(U)$ 中的多值依赖 $X \twoheadrightarrow Y$ 成立,当且仅当对 $R(U)$ 的任一关系 r,给定一对值 (x,z),有子集 Y 的一组值,这组值仅取决定于 x 值而与 z 值无关。

当 C 取值 C_1,(T,S,G) 取值 (T_1,S_1,G_1) 时,得到 (H,R) 的一组值 $\{(H_1,R_1),(H_2,R_2)\}$;

当 C 取值 C_1,(T,S,G) 取值 (T_1,S_2,G_2) 时,得到 (H,R) 的一组值 $\{(H_1,R_1)\}$;与多值依赖的定义矛盾,所以不存在多值依赖:$C \twoheadrightarrow HR$。

3. 在关系数据库中,为了提高查询效率,要对存储结构进行优化。数据库查询物理优化考虑的内容包括确定数据的存放位置和存储结构,包括:确定关系、索引、聚簇、日志、备份等的存储安排和存储结构;确定系统配置;等等。

确定数据的存放位置:为了提高系统性能,应根据应用情况将数据的异变部分和稳定部分、经常存取部分和存取频率较低的部分分别存放。

确定系统配置:DBMS 产品一般都提供一些系统配置变量、存储分配参数以供设计人员和 DBA 对数据库进行物理优化。在初始情况下,系统为这些变量赋予合理的默认值。但是,这些值不一定适合每一种应用环境,在进行物理设计时,需要重新对这些变量进行赋值,以便改善系统性能。

三、求解题

1. (1)

① $\pi_{SN}(S \bowtie (\sigma_{G='A'}(SC) \div \pi_{CNO}(C)))$

② RANGE C CX

　　　　SC SCX

　GET W (S. SN):$\forall$ CX $\exists$ SC(SCX. SNO = S. SNO $\wedge$ SCX. CNO = CX. CNO

　$\wedge$ SCX. G = 'A')

(2)

① $\pi_{SN}(S \bowtie (SC \div \pi_{SNO}(\sigma_{EN="王平"}(SC \bowtie T))))$

② RANGE C CX

　　　　　T TX

　　　　　SC SCX

SY SCY

GET W (S. SN)：∀CX(∃SCX∃TX(TX. ENO＝SCX. ENO∧TX. CN＝"王平"∧SCX. CNO＝CX. CNO)→∃SCY(SCY. SNO＝S. SNO∧SCY. CNO＝CX. CNO∧SCX. ENO＝SCY. ENO))

（3）

① $\pi_{SN}(S) - \pi_{SN}(\sigma_{DEPT="信息"}(S \bowtie SC \bowtie T))$

② RANGE T TX

　　　　　　SC SCX

　　GET W(S. SN)：¬∃SCX(TX. ENO＝SCX. ENO)∧TX. DEPT＝"信息"∧SCX. SNO＝S. SNO

2. （1）

```
SELECT DISTINCT SPJ.PNO
FROM SPJ,J
WHERE SPJ.JNO = J.JNO AND J.CITY = "北京";
```

（2）

```
DELETE
FROM J
WHERE JNO NOT IN (SELECT JNO
FROM SPJ);
```

（3）

```
SELECT SNAME
FROM S
WHERE NOT EXISTS(
    SELECT *
    FROM P
    WHERE NOT EXISTS(
        SELECT *
        FROM SPJ
        WHERE SNO = S.SNO AND PNO = P.PNO));
```

（4）

```
SELECT DISTINCT JNO
FROM SPJ
WHERE PNO = 'P1'
GROUP BY JNO
HAVING AVG(QTY)>
    (SELECT MAX(QTY)
    FROM SPJ
```

```
    WHERE JNO = 'J1');
```

（5）

```
CREATE VIEW J_S1_P1
AS SELECT J.JNO,J.CITY
    FROM SPJ,J
    WHERE SPJ.JNO = J.JNO AND SPJ.SNO = 'S1' AND SPJ.PNO = 'P1';
```

四、设计题

1. 图 4 - 8 - 1 所示的 E - R 图中省略了各个实体的属性及联系类型。

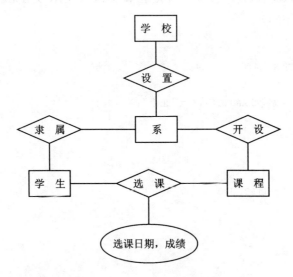

图 4 - 8 - 1　某学校数据库的 E - R 图

2. 在数据库中存放以下信息：

系：系代号，系名，系主任姓名，电话；

学生：学号，姓名，性别，年龄，所在系代号；

课程：课程号，课程名称；

每名学生选修课程的日期，成绩；

每个系所开设的课程。

学生关系：Student(Sno，Sname，Sage，Ssex，Sdept)

系关系：Dept(Dno，Dname，Dmanger，Dtelephone)

课程关系：Course(Cno，Cname)

选课关系：SC(Sno，Cno，Date，Grade)

系开设课程的关系：DC(Dno，Cno)

注：加下划线的是主码。

五、问答题

（1）两个事务可能的一种并发执行调度如表 4-8-1 所列。

表 4-8-1　T_1 和 T_2 的并发调度

T_1	T_2
SLOCK B	SLOCK A
Y＝B＝2	X＝A＝2
UNLOCK B	UNLOCK A
XLOCK A	
A＝Y＋1	
写回 A(＝3)	XLOCK B
B＝X＋1	
写回 B(＝3)	
UNLOCK A	UNLOCK B

此例是不可串行化的调度。

多个事务的并发执行是正确的，当且仅当其结果与按照某种次序串行执行的结果相同时，称这种调度策略为可串行化的调度。

若 A、B 的初值为 $A＝2$，$B＝2$，则 T_1 和 T_2 串行执行的可能结果应该是 $A＝3$，$B＝4$ 或 $B＝3$，$A＝4$。本题 T_1、T_2 并发执行的结果却是 $A＝3$，$B＝3$，所以不正确。

（2）一个可串行化的调度及其执行结果如表 4-8-2 所列。

表 4-8-2　T_1 和 T_2 的可串行化调度

T_1	T_2
SLOCK B	
Y＝B＝2	
XLOCK A	
	SLOCK A
A＝Y＋1	等待
写回 A(＝3)	等待
UNLOCK B	等待
UNLOCK A	等待
	X＝A＝3
	XLOCK B
	B＝X＝1
	写回 B(＝4)
	UNLOCK A
	UNLOCK B

这是一个可串行化的调度。

模拟试卷九

一、选择题

1. 数据库与文件系统之间的根本区别在于(　　)。
   - A. 提高系统效率
   - B. 方便用户使用
   - C. 数据的结构化
   - D. 节省存储空间

2. 现有以下关系模式:

   EMP(empno,ename,mgr,sal,workday)

   DEPT(deptno,dname,loc)

   在以下视图中,不可能更新的视图是(　　)。
   - A. 视图 V1,由 1970 年以后参加工作的雇员组成
   - B. 视图 V2,由部门号和各部门的平均工资组成
   - C. 视图 V3,由雇员姓名和其领导者姓名组成
   - D. 视图 V4,由薪金超过所有雇员平均薪金的雇员组成

3. 对于由 SELECT—FROM—WHERE—GROUP—ORDER 所组成的 SQL 语句,在其被 DBMS 处理时,各子句的执行次序为(　　)。
   - A. SELECT—FROM—GROUP—WHERE—ORDER
   - B. FROM—SELECT—WHERE—GROUP—ORDER
   - C. FROM—WHERE—GROUP—SELECT—ORDER
   - D. SELECT—FROM—WHERE—GROUP—ORDER

二、简答题

1. 试给出 BCNF 的定义,并说明满足 BCNF 的关系具备哪些特征。

2. 在建立一个数据库应用系统时,为什么要首先调试运行 DBMS 的恢复功能?简述你所了解的数据库系统的恢复方法。

3. 试述关系数据库系统中视图(View)的定义,引进视图的概念有什么优点?

4. 试述数据模型中完整性约束条件的概念,并给出关系模式中的完整性约束。

三、求解题

1. 设有学生表 S(SNO,SN)(其中 SNO 为学号,SN 为姓名)和学生选修课程表 SC(SNO,CNO,CN,G)(其中 CNO 为课程号,CN 为课程名,G 为成绩),试用 SQL 语言完成以下操作:

   (1) 建立一个视图 V - SSC(SNO,SN,CNO,CN,G),并按照 CNO 的升序排序。

   (2) 在视图 V - SSC 上查询平均成绩在 90 分以上的学生的 SN、CN 和 G。

2. 现有关系数据库如下：

$S(SNO,SN,STATUS,CITY)$

$P(PNO,PN,COLOR，WEIGHT)$

$J(JNO,JN,CITY)$

$SPJ(SNO,PNO,JNO,QTY)$

其中：S 为供应商；P 为零件；J 为工程项目；SPJ 为工程订购零件的订单，其语义为"某供应商向某个工程项目供应某种零件"。试用 SQL 语句完成以下操作：

（1）求为工程项目 J_1 提供红色零件的供应商号码。

（2）求使用供应商 S_1 所供应零件的工程项目名称。

（3）求供应商与工程项目所在城市相同的供应商所提供的零件号码。

（4）求至少有一个和工程项目不在同一座城市的供应商提供零件的工程项目代号。

四、问答题

假设存款余额 $x=1\,000$ 元，事务甲取走存款 300 元，事务乙取走存款 200 元，其执行时间如表 4-9-1 所列。如何实现这两个事务的并发控制？

表 4-9-1　事务甲与事务乙的执行时间

事务甲	时　间	事务乙
读 x	t1	
	t2	读 x
更新 x＝x－300	t3	
	t4	更新 x＝x－200

五、综合题

假设某商业集团数据库中有关系模式 R 如下：

R（商店编号，商品编号，商店库存数量，部门编号，负责人）

如果规定：

① 每个商店的每种商品只在该商店的一个部门中销售。

② 每个商店的每个部门只有一位负责人。

③ 每个商店的每种商品只有一个库存数量。

试回答下列问题：

（1）根据上述规定，写出关系模式 R 的基本函数依赖。

（2）找出关系模式 R 的候选码。

（3）试问关系模式 R 的最高已经达到第几范式？为什么？

（4）如果关系模式 R 不属于 3NF，试将 R 分解成 3NF 模式集。

参考答案

一、选择题

1. C

2. BD

解析：因为选项 B 中视图 V2 的一个属性来自聚集函数 AVG，所以不能更新；选项 D 中视图 V4 含有内层嵌套，所涉及的表是导出该视图的基本表，所以也不能更新。

3. C

二、简答题

1. BCNF 的定义如下：

关系模式 $R<U,F>\in$ 1NF。当 $X\rightarrow Y$ 且 $Y\nsubseteq X$ 时，X 必含有码，则 $R<U,F>\in$ BCNF。

满足 BCNF 关系的特征如下：

(1) 所有非主属性对每一个码都是完全函数依赖。

(2) 所有主属性对每一个不包含它的码也是完全函数依赖。

(3) 没有任何属性完全函数依赖于非码的任何一组属性。

2. 因为计算机系统中的硬件故障、软件错误、操作员失误以及恶意破坏是不可避免的，这些故障轻则造成运行事务非正常中断，影响数据库中数据的正确性，重则破坏数据库，使数据库中的全部或部分数据丢失。为了防止这类事务带来灾难性的后果，必须首先调试运行 DBMS 的恢复功能，即把数据库从错误状态恢复到某已知的正确状态(也称为一致状态或完整状态)的功能。

DBMS 一般都通过数据转储和登录日志文件来实现数据库系统的恢复功能。针对不同类型的故障，使用不同的恢复策略和方法。例如：对于系统故障，DBA 的任务是重新启动系统，系统启动后的恢复操作由 DBMS 来完成。对于介质故障，恢复方法是由 DBA 重装最新的数据库后备副本和转储结束时刻的日志文件副本，然后执行系统提供的恢复命令，具体的恢复操作仍由 DBMS 完成。

3. 视图是命名的，是从基本表中导出的虚表，它在物理上并不存在，存在的只是它的定义。数据库中只存放视图的定义而不存放视图所对应的数据，这些数据仍然存放在导出视图的基本表中。视图在概念上与基本表相同，用户可以如同基本表那样地使用视图，可以在视图上再定义视图。

引进视图的优点如下：

(1) 视图能够简化用户的操作。

(2) 视图使用户能够从多种角度看待同一数据。

(3) 视图对重构数据库提供了一定程度的逻辑独立性。

（4）视图能够对机密数据提供安全保护。

4.数据模型应该反映和规定本数据模型所必须遵守的基本的、通用的完整性约束条件。数据模型还应该提供完整性约束条件的机制，以反映具体应用所涉及的数据必须遵守的特定语义约束条件。

在关系模型中，任何关系都必须满足实体完整性和参照完整性两个条件，这是关系数据模型所必须遵守的基本的、通用的完整性约束条件。

三、求解题

1. （1）

```
CREATE VIEW V-SSC(SNO,SN,CNO,CN,G)
AS SELECT S.SNO,SN,CNO,CN,G
FROM S,SC
WHERE S.SNO=SC.SNO
ORDER BY CNO
```

（2）

```
SELECT SN,CN,G
FROM V-SSC
GROUP BY SNO
HAVING AVG(G)>90
```

2. （1）

```
SELECT DISTINCT SPJ.SNO
FROM SPJ,P
WHERE P.PNO=SPJ.PNO AND SPJ.JNO='J1' AND P.COLOR='红';
```

（2）

```
SELECT J.JN
FROM J,SPJ
WHERE J.JNO=SPJ.JNO AND SPJ.SNO='S1';
```

（3）

```
SELECT DISTINCT SPJ.PNO
FROM S,J,SPJ
WHERE S.SNO=SPJ.SNO AND J.JNO=SPJ.JNO
    AND S.CITY=J.CITY;
```

（4）

```
SELECT DISTINCT SPJ.JNO
FROM S,J,SPJ
WHERE S.SNO=SPJ.SNO AND J.JNO=SPJ.JNO
```

```
AND  S.CITY<>J.CITY；
```

四、问答题

如果按照题目中的顺序执行甲、乙两个事务,则最后的 x 值为 800,而不是正确的 500。为此,采用封锁的方法,将事务甲修改为:

```
WHILE(x 上已有排它锁)
{
     等待
}
对 x 加上排它锁
读 x
更新 x＝x－300
释放排它锁
```

将事务乙修改为:

```
WHILE(x 上已有排它锁)
{
     等待
}对 x 加上排它锁
读 x
更新 x＝x－200
释放排它锁
```

对事务甲和事务乙的并发控制的说明如表 4－9－2 所列。

表 4－9－2　事务甲和事务乙的并发控制

事务甲	时间	事务乙
XLOCK x 获得	t1	
	t2	XLOCK x 等待
更新 x＝x－300 X＝700	t3	等待
Commit	t4	等待
UNLOCK x	t5	等待
	t6	获得 XLOCK x
	t7	更新 x＝x－200 x＝500
	t8	Commit
	t9	UNLOCK x

五、综合题

1. 有 3 个函数依赖：

（商店编号,商品编号）→部门编号

（商店编号,部门编号）→负责人

（商店编号,商品编号）→商品库存数量

2. R 的候选码:（商店编号,商品编号）

3. 因为 R 中存在非主属性"负责人"对候选码（商店编号,商品编号）的传递函数依赖,所以 R 属于 2NF,不属于 3NF。

4. 将 R 分解如下：

R_1（商店编号,商品编号,商品库存数量,部门编号）

R_2（商店编号,部门编号,负责人）

参考文献

[1] 周奇.数据库系统及应用实验与课程设计指导(SQL Server 2008)[M].北京:清华大学出版社,2013.

[2] 王珊,萨师煊.数据库系统概论[M].5版.北京:高等教育出版社,2014.

[3] 王珊,数据库系统概论学习指导与习题解析[M].北京:高等教育出版社,2008.

[4] 马晓梅.SQL Server 实验指导[M].3版.北京:清华大学出版社,2009.

[5] 刘泽星,刘卫国.SQL Server 2008 数据库应用技术实验指导与习题选解[M].2版.北京:人民邮电出版社,2015.

[6] 万常选.数据库系统原理与设计[M].北京:清华大学出版社,2009.

[7] 黄明,梁旭,冯瑞芳.Visual Basic+SQL Server 中小型信息系统开发实例精选[M].北京:机械工业出版社,2007.

[8] 张丹平,周玲元.数据库原理及应用[M].北京:北京航空航天大学出版社,2011.

[9] 张丹平.数据库原理及应用实验指导与习题解析[M].北京:北京航空航天大学出版社,2010.

[10] Jorgensen Adam,LeBlanc Patrick,Chinchilla Jose,等.SQL Server 2012 宝典[M].张慧娟,译.4版.北京:清华大学出版社,2014.

[11] LeBlanc Patrick.SQL Server 2012 从入门到精通[M].潘玉琪,译.北京:清华大学出版社,2014.

[12] 未来教育教学与研究中心.全国计算机等级考试上机考试题库:三级数据库技术(2015年无纸化考试专用)[M].北京:电子工业出版社,2015.